AF311593

MÉMOIRE

SUR LES PROCÉDÉS

DE BOISEMENT

Qui doivent être suivis en Sologne,

Par M. T. POUCIN,

Élève de l'École impériale Forestière, Sous-Inspecteur des Forêts à Orléans.

Ouvrage couronné par le Comité central agricole de la Sologne, en sa Séance du 15 octobre 1865, au Château impérial de La Motte-Beuvron.

ORLÉANS,

IMPRIMERIE D'ÉMILE PUGET ET C°, RUE VIEILLE-POTERIE, 5.

—

1866.

« Par décision du Comité central agricole de la Sologne, en date du 15 octobre 1865, et sur le rapport de M. Baguenault de Viéville, président du Comice cantonal de Jargeau,

Une Médaille d'or de 500 fr.

a été décernée à M. Poncin (Théodore-Louis), ancien élève de l'École forestière, sous-inspecteur des forêts à Orléans, pour son Mémoire sur les questions du *Boisement* en Sologne.

Sur la proposition de M. le sénateur Boinvilliers, président, le Comité vote l'impression du Mémoire couronné, pour sa distribution en être faite en Sologne, avec le rapport de M. Baguenault. »

(Extrait des *Annales du Comité*).

Le *Secrétaire-Archiviste*,

Ernest GAUGIRAN.

QUESTIONS

MISES AU CONCOURS PAR LE COMITÉ CENTRAL AGRICOLE DE LA SOLOGNE.

———

— Rechercher les procédés de boisement qui doivent être suivis de préférence dans la Sologne, et les essences qui doivent être employées, soit isolément, soit simultanément.

— Un sol étant donné à boiser en Sologne, est-il plus avantageux de faire succéder une pinière à une pinière, en les séparant par des cultures de céréales avec engrais artificiels, que semer en même temps des pins et du bois feuillu ?

— Parmi les espèces de pins, lesquelles doivent être préférées ?

— Quant à celles qui comportent le repiquage, le semis est-il plus avantageux que le repiquage ?

———

MÉMOIRE

SUR

LE BOISEMENT EN SOLOGNE.

> « Il n'est peut-être pas inutile de rappeler quelque-
> fois aux hommes… que le monde n'a pas été créé
> exclusivement pour eux, et que, parmi les richesses
> dont ils jouissent sans scrupule, il en est dont ils
> ne sont que les dépositaires, et dont ils ont à rendre
> compte à leurs descendants.
> « Les Forêts sont dans ce cas. »
>
> (J. CLAVÉ, *Études sur l'Économie forestière.*)

CHAPITRE Ier.

Coup-d'œil rétrospectif sur l'histoire de la Sologne. — Sa prospérité à l'époque forestière. — Sa stérilité depuis le déboisement.

§ Ier.

DÉFINITION DE LA SOLOGNE.

La Sologne est une fraction de l'ancienne province de l'Orléanais ; elle n'est plus délimitée administrativement, et forme aujourd'hui une partie de chacun des trois départements du Loiret, du Cher et de Loir-et-Cher. D'après la carte récemment dressée par les soins du Comité central, elle comprend 502,000 hectares situés entre la

Loire au nord et à l'est, et le Cher au sud et à l'ouest.
Les villes d'Orléans, Gien, Cosne, Sancerre, Bourges,
Vierzon, Chaumont, Montrichard, Blois et Beaugency,
marquent assez exactement les angles de son périmètre.

Le sol est un terrain de transport attribué à l'assise supérieure de l'étage moyen des terrains tertiaires. Il est composé d'une puissante couche de sable, d'argile et de cailloux siliceux, mélangés dans des proportions diverses, et
dans un ordre variable. L'un des caractères essentiels de ce
terrain est, qu'en général, il ne contient aucune matière
calcaire, quoique reposant sur un sous-sol crétacé, situé à
une profondeur moyenne de 50 mètres. On y trouve des
plaines, des vallées et des coteaux légèrement inclinés ;
mais on n'y rencontre point de montagnes élevées ni de
pentes abruptes.

§ II.

SA PROSPÉRITÉ À L'ÉPOQUE FORESTIÈRE.

Primitivement, la Sologne (*Secolaunia*) était couverte de
vastes forêts qui furent témoins de la lutte héroïque que
soutinrent les Gaulois contre les Romains. Un membre de
l'Institut, M. Becquerel, qui a fait les recherches les plus
approfondies pour connaître ce qu'étaient autrefois les forêts
à la surface du globe, établit dans la description suivante,
que nous croyons utile de citer textuellement, comment les
bois étaient répartis dans cette région des Gaules : « La
« Sologne, dont la superficie est d'environ 450,000 hectares,
« dans des temps plus ou moins reculés, était couverte de
« forêts peuplées d'essences semblables à celles qui se
« trouvent dans nos bois du centre de la France ; ces forêts
« se rattachaient à celles du Blaisois, comme il est facile de
« s'en convaincre en jetant les yeux sur une carte forestière
« de France. La Sologne formait jadis une vaste forêt, in-

« terrompue par des landes, des marécages, de même que
« l'antique et immense forêt des Ardennes qui ne présente
« plus aujourd'hui que des débris épars. En effet, à l'ouest
« les forêts de Montrichard et de Chaussy, le bois Royal et
« le bois de l'Homer, qui entourent Pont-le-Voy, à une cer-
« taine distance, devaient être réunis et se rattacher d'une
« part, au nord, aux forêts de Russy et de Boulogne dans
« les environs de Blois, de l'autre, au sud, à la forêt de
« Grosbois, et à l'est, au bois de Fassay, et à ceux de Che-
« verny. En remontant la Loire jusqu'à Orléans, on ren-
« contre d'abord le bois de La Ferté, qui n'est qu'un
« démembrement de la forêt de Boulogne ; puis le bois de
« Pully, qui va jusqu'à Jouy, la Vieille-Forêt, les bois d'Ar-
« don, de Mézières, le bois Gibault, et les bois de Saint-
« Père, qui étaient tous réunis jadis ; enfin, une foule de
« bouquets qui s'étendent de La Ferté-Saint-Aubin à
« Viglain, et entourent La Motte-Beuvron, Menestreau,
« Vouzon et Souvigny.

« Dans la partie centrale de la Sologne, entre Cheverny,
« Nouan et Selles-sur-Cher, il a dû toujours exister une
« vaste étendue couverte d'étangs et de marécages, coupée
« toutefois par une ligne de forêts dont on retrouve les
« restes dans celle de Bruadan, et dans une série de bou-
« quets de bois qui s'étendent jusqu'à Chaon.

« La partie orientale de la Sologne n'était pas moins
« boisée que la partie occidentale, à en juger par les dé-
« membrements qui nous restent. Entre Graçay et Vierzon,
« se trouvent les forêts de Vierzon et de Saint-Laurent ;
« plus loin, la forêt d'Allogny, qui faisait partie jadis des
« deux précédentes ; plus à l'est, autour de Henrichemont,
« se montrent encore les forêts de Saint-Palais, et d'Ivry-
« le-Pré, les bois de Henrichemont et de Boucard, qui se
« reliaient ensemble au moyen de bouquets de bois répartis
« dans les intervalles. Enfin, dans les parties de la Sologne
« comprises entre la ligne qui joint Blancafort et Contre-

« sault à la Loire, on trouve encore des témoins d'anciennes
« forêts. Nous citerons encore, comme preuve, les faits
« suivants :

« Entre Prély-le-Chétif et Méry-ès-Bois (Cher), sur une
« étendue de huit kilomètres, il existe, en partant de Prély,
« un communal borné d'un côté par une petite rivière, et
« de l'autre par un bois appelé les Ruesses, qui appartient,
« une partie à l'État et l'autre à la commune de Prély, et
« d'une contenance d'environ 2,500 hectares. Ce bois, qui
« couronne un faîte, se trouve aujourd'hui dans un déplo-
« rable état de dépérissement ; on y trouve une quantité
« énorme de vieilles souches, son sol est sec comme celui
« de la Sologne environnante. Les communaux voisins qui
« entourent ce bois étaient autrefois boisés, à en juger par
« d'énormes souches répandues çà et là, et appartenant aux
« mêmes essences. L'essence dominante est le chêne.
« L'étendue de ces communaux est également de 2,500 hec-
« tares environ. Nous pourrions citer encore bien d'autres
« exemples. » (1).

Les étangs et les marécages qui occupaient le centre de
la Sologne peuvent faire supposer qu'à cette époque, le
boisement était excessif ; mais bientôt, Jules César et ses
légions en réduisirent notablement les proportions. — Voyez
ce qu'il était devenu il y a trois siècles, et ce qu'était devenue
avec lui l'agriculture :

« Au commencement du xvi° siècle, nous dit M. Beau-
« vallet, un des grands propriétaires de la Sologne, le ter-
« ritoire de cette contrée était encore en majeure partie
« couvert de bois. Beaucoup de communes, parmi lesquelles
« Marcilly, Montrieux, D'huison, etc., etc., avaient ajouté
« à leur nom le mot Gault, qui, en langue celtique, répond,

(1) *Des climats et de l'influence qu'exercent les sols boisés et non boisés*, par M. Becquerel, 1853.

« selon Du Cange, au mot bois..... (1). L'autre moitié de
« la Sologne était partagée en deux cultures principales,
« les vignes et les céréales. Le quart de la Sologne était donc
« un vignoble. » (2). Et M. Beauvallet, pour prouver que
cette proportion n'a rien d'exagéré, s'appuie sur les traces
encore apparentes que la culture de la vigne a laissées, et
sur *beaucoup d'anciens titres* qui l'établissent positive-
ment. Il fait remarquer, à ce sujet, que les vignes de cette
contrée se trouvaient dans d'excellentes conditions, parce
que *le bois pour la confection des tonneaux et des échalas y
était commun et de bonne qualité.*

Or, la culture de la vigne est celle qui exige le plus de
bras, et on a des preuves qu'à cette époque les terres
étaient déjà très-morcelées ; il faut donc conclure que la
Sologne était alors très-peuplée et très-riche. Les nombreux
ouvriers qui l'habitaient étaient occupés toute l'année. Au
printemps et à l'automne, le vignoble réclamait tous leurs
soins, l'été les appelait aux prés et aux champs, et les forêts
leur tenaient en réserve, pour l'hiver, un dernier travail.

C'est à cette époque que les rois de France aimaient à
tenir leur cour sur les bords de la Loire, et que Louis XII à
Blois, la duchesse d'Angoulême à Romorantin, puis
François Ier à Chambord, amenaient dans la Sologne tout
un monde de seigneurs et de courtisans, qui, par l'éclat de
leur présence, excitaient les propriétaires de la contrée à
embellir leurs domaines ; tandis que des besoins de consommation, singulièrement augmentés, forçaient tous les
cultivateurs à améliorer leurs cultures pour multiplier les
productions de toute sorte.

C'est à ce temps de travail et de prospérité qu'il faut faire

(1) Le mot Gault pourrait aussi bien venir de l'allemand Wald,
bois, comme Gantier vient de Walter, garde forestier, comme
Guillaume vient de Wilhelm.

(2) *De l'Agriculture en Sologne*, par M. Beauvallet, Orléans,
1844.

remonter l'établissement des nombreux fossés d'assainissement dont on trouve aujourd'hui des traces certaines ; la culture du chanvre et de l'orge, qui ont disparu en grande partie ; la création de nombreux et importants villages, dont nous ne voyons plus que les vestiges ; la construction sur tous les cours d'eau d'un nombre considérable de moulins, dont il ne nous reste qu'une partie ; la multiplication des petits châteaux, qui établit combien la propriété était divisée.

Les forêts étaient plantureuses, et la production du merrain pour la confection des tonneaux prouve suffisamment à quelles belles dimensions parvenaient les futaies de chêne. Nous n'oserions pas affirmer que la population appréciât alors tous les avantages que les bois offraient à l'agriculture ; mais, en tous cas, il est certain que cette nature de propriété était soigneusement entretenue et surveillée. La chasse était le grand plaisir des rois ; et tous les seigneurs, partageant les goûts de leur maître, s'efforçaient à l'envi d'avoir sur leurs domaines les plus belles chasses et les plus beaux massifs boisés. C'est peut-être cette considération secondaire qui a sauvé les forêts du pays, et assuré, pendant longtemps, la fertilité du sol, la douceur du climat, la salubrité de la contrée, précieux avantages qui ont disparu avec elles. Avant de détacher nos regards de cette période florissante où la terre solonaise avait acquis une fertilité qu'elle n'a jamais retrouvée depuis, remarquons encore une fois que les cultures étaient ainsi réparties : moitié en bois, un quart en vignes, et le dernier quart seulement en terres, prairies et jardins.

§ III.

SA STÉRILITÉ DEPUIS LE DÉBOISEMENT.

La Sologne était encore à l'apogée de sa prospérité, que déjà la réforme, qui devait amener sa ruine, apparaissait en Allemagne et en Suisse ; et, sans quitter ces contrées qui l'ont vu naître, allait envahir la France. Les petits seigneurs solonais, à qui la fortune avait suggéré des idées d'indépendance, accueillirent avec empressement les nouveaux prédicateurs, et embrassèrent leurs doctrines avec ensemble. On sait ce qui suivit.

Pour défendre pied à pied la foi de nos pères, vinrent, avec les guerres de religion, les édits rigoureux de Henri II, et les massacres ordonnés sous Charles IX. La Sologne eut particulièrement à souffrir de ces luttes fratricides ; La Saint-Barthélemy y retentit cruellement, et pendant que les exils et les exécutions décimaient la population, la guerre dévastait cette malheureuse contrée.

Ne nous arrêtons pas devant ce triste spectacle, et disons de suite qu'après un peu de répit donné par l'édit de Nantes aux protestants, cet édit fut révoqué en 1685. Ce fut le dernier coup ; et après les émigrations qui suivirent, on put constater que depuis le commencement de cette crise douloureuse de notre histoire, la Sologne avait perdu les trois quarts de ses habitants.

Les propriétés confisquées aux Huguenots furent données avec prodigalité, les unes à des capitaines sans argent dont il fallait récompenser les services, les autres à des communautés religieuses qui ne trouvèrent plus de bras pour les cultiver.

Le même sort était donc réservé aux unes et aux autres. Les nouveaux propriétaires abandonnèrent toute culture régulière, et cherchèrent à tirer de leurs domaines les revenus les plus considérables avec le moins de travail possible.

L'opinion, généralement admise, paraît être qu'à cette époque, les bois envahirent librement les champs abandonnés, et qu'ils ramenèrent les marécages et les landes des temps primitifs.

Nous lisons dans un mémoire couronné en 1840 par la Société royale des Sciences, Belles-Lettres et Arts d'Orléans :

« Les grands domaines, exploités par de malheureux
« fermiers sans moyens et sans appui, ont dû être négligés,
« au point que les champs les plus fertiles se sont naturel-
« lement convertis en accrues de mauvais bois, en maré-
« cages, et en ces plaines de bruyères et de chardons que
« nous voyons encore (1). »

De son côté, M. Beauvallet, que nous avons déjà cité
et à qui nous devons les renseignements précis sur lesquels
nous nous appuyons, a écrit : « La Sologne avait beaucoup
« de sols argileux, beaucoup de terrains frais, sur lesquels
« le chêne végète merveilleusement ; et quelques-uns de ces
« arbres suffirent pour semer de bois bien des terrains qui
« alors se virent abandonnés par l'agriculture (2). »

Nous sommes persuadé qu'il y a là une erreur, erreur
qui a longtemps motivé l'aversion naturelle du Solonais pour
l'amélioration des bois, erreur qu'il faut enfin déraciner.

L'importance de la thèse que nous voulons soutenir
nous fera-t-elle pardonner la longueur de ce chapitre ?

<h2 style="text-align:center">§ IV.</h2>

RAPPORTS DE CAUSE A EFFET ENTRE LE DÉBOISEMENT
ET LA STÉRILITÉ.

A l'époque de sa plus grande décadence, au commence-
ment du XIXe siècle, la répartition du territoire de la Sologne
était établie ainsi qu'il suit :

Landes et bruyères	$\frac{7}{10}$
Terres arables en culture et en jachère	$\frac{1}{10}$
Prairies et étangs	$\frac{1}{10}$
Bois	$\frac{1}{10}$

(1) *Mémoire sur la situation agricole de la Sologne*, par M. Bour-
don, Orléans, 1840.

(2) *De l'Agriculture en Sologne*, page 45.

Ces chiffres, qui résultent des indications de l'ouvrage déjà cité de M. Beauvallet, rapprochés de ceux que nous avons donnés plus haut, prouvent bien évidemment que ce n'est pas la végétation forestière qui avait envahi les terres destinées à l'agriculture. D'ailleurs, quelque favorable que soit le sol argileux pour la production du chêne, les glands sont trop lourds pour aller repeupler naturellement les terres où il n'existe pas de porte-graines.

Nous savons qu'on peut montrer, en Sologne et ailleurs, des forêts de chêne venues naturellement sous des semis de pin ; mais le pin seul a ce privilége de favoriser éminemment le développement des glands apportés par les oiseaux ou par quelque autre cause accidentelle ; et, à l'époque dont nous parlons, il n'y avait pas un pin en Sologne ; les premières graines ont été apportées de 1780 à 1786, par M. le comte de Saint-Maur, qui les avait recueillies dans les landes pendant son séjour aux environs de Bordeaux (1).

Loin d'admettre que la forêt ait été envahissante, nous croyons, au contraire, que les propriétaires, se voyant sans argent, sans engrais, sans ouvriers, ont cédé à la tentation d'exploiter les richesses que la prudence de leurs prédécesseurs avaient accumulées dans les forêts. Ils ont dû trouver, dans la destruction des bois, d'abord de magnifiques produits qui ne coûtaient que la peine de les exploiter, puis un sol abondamment pourvu de terreau, qui pouvait donner de belles récoltes pendant plusieurs années sans fumure.

On dira qu'avant 1789, les voies de communication n'étant pas créées, le bois n'avait pas grande valeur, et que beaucoup de maisons étant abandonnées, on trouvait avantageusement dans les démolitions les bois nécessaires à la réparation de celles restées debout. Est-il donc plus

(1) *Rapport sur les Plantations forestières*, par M. Brongniart, 1832.

difficile d'abattre un arbre que d'abattre une maison ; et, dans ce fait, si populaire en Sologne, qu'autrefois pour faire une paire de sabots il fallait une paire de bouleaux, ne voyons-nous pas avec quelle prodigalité on usait des produits forestiers ? D'ailleurs, dans les belles futaies, ce qui tentait le plus, c'était le sol enrichi par les détritus d'arbres séculaires.

Le reste des bois, abandonné au pâturage des bestiaux, ne résista pas longtemps à ses nombreux ennemis.

D'anciennes ordonnances, rappelées encore en 1541 par François Iᵉʳ, puis l'ordonnance de 1669, réglementaient l'exercice du pâturage pour les chevaux, porcs et bêtes aumailles, et défendaient formellement l'accès des bois de tout âge et de toute espèce aux chèvres et aux moutons ; mais comment nourrir ces animaux ? Les cours d'eau n'étant plus faucardés, leurs lits s'exhaussaient tous les jours ; les fossés d'assainissement, n'étant plus curés, se comblaient bien vite ; dès lors les eaux, ne pouvant plus s'écouler librement, commençaient à envahir les prairies et à les stériliser en les inondant de vase et de sable. A ce moment, les ordonnances ne furent plus qu'un vain obstacle ; les chevaux et les vaches sortirent des cantons défensables, et on lâcha les bêtes à laine dans les taillis. Ces animaux, le fléau des bois, s'y répandirent et les parcoururent en tous sens, écorchant les tiges des arbres en pleine vigueur, déchirant les plus jeunes pousses, broutant les plants au fur et à mesure qu'ils sortaient de terre, en un mot, et suivant une énergique expression, *dévorant l'espérance* (1). Arrivé à ce point, le mépris des ordonnances fut pour les forêts ce que la révocation de l'édit de Nantes avait été pour leurs premiers maîtres.

C'est alors que se succédèrent, avec une fatalité irrésistible, tous les phénomènes décrits par M. Beauvallet.

______

(1) M. Meaume, professeur de Droit à l'école de Nancy.

C'est alors que parurent ces vastes plaines de landes et de bruyères, non pas à la place des céréales, mais à la place des taillis abroutis et ruinés.

Le sol, dont la richesse et l'hygroscopicité avaient été si heureusement créées et entretenues par la végétation forestière, alla s'appauvrissant, sous la double influence du soleil qui volatisait ses principes nutritifs, et du vent qui enlevait les feuilles et autres détritus ; les plantes nuisibles, dont les racines enchevêtrées le rendaient imperméable à l'air comme à l'humidité , le durcirent et le desséchèrent ; et, sur certains points, il ne devint pas seulement pauvre, il devint inerte.

Les pluies diminuèrent sensiblement ; on en a la preuve dans cette observation, qu'aujourd'hui les cours d'eau suffisent à peine aux moulins, dont le nombre est devenu très-restreint ; et, malgré cette diminution, les eaux, qui avaient auparavant trouvé dans l'humus du sol forestier un réservoir et un régulateur, glissèrent sur les pentes au fur et à mesure que la pluie les y apportait, et se précipitèrent dans les bas-fonds entraînant avec elles le reste de la terre végétale qui avait résisté au vent et au soleil.

Les bas-fonds et les vallons sillonnés par les rivières débordées se changèrent en marécages improductifs et insalubres.

Des miasmes fiévreux et des effluves délétères se répandirent au milieu des bourgs et des villages que ne protégeait plus un rideau de bois suffisant.

La population qui avait survécu aux guerres et aux proscriptions fut de nouveau décimée par les maladies, au point qu'on disait que la peste sévissait sur l'infortunée Sologne ; et ceux des habitants qui ne succombèrent pas, ne conservèrent plus assez de force ni au moral, ni au physique, pour assainir leur pays en cultivant leurs terres.

Voilà la déplorable situation dans laquelle était tombée, au commencement du XIXe siècle, la Sologne, jadis si florissante. Triste et trop fréquent exemple des désastres qu'entraîne un déboisement inconsidéré même dans un pays de plaines !…

Plaçons donc la Sologne, avec M. Becquerel, sur le même rang que les landes de la Gascogne, la Crau, la Bresse, la Dombe et la Brenne, toutes régions dont la prospérité a disparu avec la végétation forestière.

L'imprudence et l'inaptitude des générations passées nous ont légué la misère et l'insalubrité de trop de provinces ; nous transmettrons un autre héritage à nos descendants.

§ V.

EFFORTS DÉJA FAITS POUR AMÉLIORER CETTE CONTRÉE. LA SYLVICULTURE RÉUSSIRA A LA RELEVER.

Réduite à ses propres forces, la Sologne aurait sans doute été incapable de se relever ; mais elle a appelé à son aide le secours de la science et les capitaux des contrées plus favorisées, et déjà de grands propriétaires se sont consacrés à son amélioration. L'Empereur lui-même, voyant dans cette résurrection un intérêt national, est venu lui tendre la main ; dès aujourd'hui on peut dire que son avenir est assuré. Un domaine impérial, d'où partent les bons exemples et les généreux encouragements, est créé au centre de cette contrée ; un comité central, où se trouvent réunies la science et l'expérience, dirige tous les efforts. *Fervet opus !*

La Sologne était prospère au temps où les bois couvraient la moitié de son territoire, elle est devenue stérile quand les bois ont été réduits au dixième de sa superficie, et nous croyons avoir démontré que la principale cause de sa stérilité, c'est le déboisement ; bien convaincus de cette vérité, mettons-nous résolûment à l'œuvre, et ne craignons pas d'exagérer l'extension du sol forestier. Le boisement, ou plutôt le reboisement, c'est à notre avis le plus puissant levier dont on puisse se servir pour relever la Sologne ; c'est celui qu'indiquait, en 1851, un membre de l'Institut, M. Brongniart, dans un *programme tracé de main de maître* suivant les termes que se plaisait à employer notre bien regretté Directeur-Général des forêts (1).

Nous n'avons pas la prétention de croire qu'on trouvera dans la sylviculture une panacée qui garantisse contre tous les maux, et qui assure tous les biens ; mais ce que nous affirmons, c'est qu'elle rendra plus faciles et plus efficaces les travaux des ingénieurs pour l'assainissement du pays ; c'est qu'elle diminuera les frais des cultivateurs pour l'amélioration des terres, tout en leur procurant des produits considérables ; c'est qu'elle réussira plus économiquement que tout autre moyen, à faire de la Sologne ce qu'elle était autrefois, une contrée riche, belle et salubre.

On en trouvera la démonstration dans le chapitre suivant.

(1) M. VICAIRE, mort le 16 janvier 1865. — (Discours à la fête agricole de La Motte-Beuvron, 1858).

CHAPITRE II.

Du sol et du climat actuels de la Sologne, des essences qui leur conviennent. — Effets qu'on doit attendre du boisement.

§ Ier.

EXAMEN SIMULTANÉ DES SOLS, DES CLIMATS ET DES ESSENCES LES PLUS CONVENABLES.

Nous avons déjà dit que le sol de la Sologne consistait en une couche épaisse de sable, d'argile et de cailloux siliceux. Si ces trois éléments se trouvaient mélangés dans des proportions convenables, on aurait un terrain auquel il ne manquerait que le calcaire pour être d'excellente qualité ; mais il en est autrement, et on trouve plus souvent le sable pur ou l'argile compacte qu'une terre argilo-siliceuse. Ces diverses natures de sol sont d'ailleurs réparties aussi irrégulièrement qu'on peut l'imaginer ; des taches d'argile sont disséminées de côté et d'autre parmi les sables, de même que des parties sablonneuses se rencontrent au milieu des terres argileuses. Des terrains de composition aussi dissemblable ont naturellement des besoins opposés et présentent des ressources différentes, nous ne saurions donc trop recommander aux propriétaires de bien se rendre compte de la nature du sol de chaque parcelle avant d'entreprendre son amélioration.

Sans parler des vallées fraîches, où un sol exceptionnellement fertile est et doit rester affecté aux prairies naturelles, voici les quatre classes entre lesquelles on peut répartir les terres de la Sologne au point de vue de la culture :

1° *Terres sablonneuses.*

Ce sol, qui consiste en une couche profonde de sable et de petits silex roulés, est essentiellement pauvre, sec et léger. Généralement au-dessus des cours d'eau, il n'est pas susceptible d'être irrigué, et il abandonne l'eau des pluies avec autant de rapidité qu'il l'absorbe. Il ne peut fixer davantage l'azote de l'air, ni les engrais qu'on lui apporterait à grands frais. La bruyère a beaucoup de tendance à l'envahir, et une fois qu'elle en a pris possession elle empêche la germination de toute autre graine.

On voit par là que les terres sablonneuses sont totalement impropres à l'agriculture, dont toutes les plantes cherchent, dans le sol même, la majeure partie de leur nourriture. Les arbres forestiers, au contraire, surtout les résineux, demandent plus à l'atmosphère qu'à la terre ; et, non-seulement ils pourront vivre sur un sol pareil, mais encore, par leurs détritus abondants, ils lui donneront de la consistance, l'amenderont et l'enrichiront d'engrais puisés dans l'air ambiant. Le couvert d'un massif boisé assurera quelque fraîcheur au sol, en diminuant l'évaporation et en produisant une couche d'humus capable de retenir les eaux ; en même temps, il étouffera la bruyère et les autres plantes nuisibles, ou préviendra leur envahissement.

Parmi les essences à choisir en pareil cas, le *pin maritime* tient le premier rang ; ses racines s'enfoncent rapidement et ne s'arrêtent qu'à une couche assez profonde pour ne pas souffrir de la sécheresse et de la chaleur de l'été. *Le pin sylvestre* et *le pin noir d'Autriche* réussissent bien aussi ; ils ont l'avantage de fournir plus de couvert et de détritus que le précédent ; ils donneront donc au sol une amélioration plus complète et plus rapide.

Après une première exploitation de pins, ou même sous le couvert de la première pinière, le sable, devenu plus substantiel, conviendra parfaitement *au charme* que l'on voit envahir spontanément tous les sables gras de la forêt d'Orléans, voisine de la Sologne.

Avec l'abri du pin maritime, *le châtaignier* viendra lui-même dans ces sols secs, mais essentiellement meubles et profonds. La magnifique châtaigneraie que l'on admire au-delà d'Olivet, le long de la route impériale de Paris à Toulouse (dans le domaine des Quatre-Vents, à M. de Montaudouin), a parfaitement réussi dans ces conditions. D'anciennes carrières au milieu de cette châtaigneraie permettent de reconnaître, sur au moins deux mètres de profondeur, une couche de sable et de petits silex roulés.

Dans les parties les plus arides, on devra essayer *le chêne Tauzin*, qui réussit sur les sables des dunes, et *l'ailante glanduleux*, qui vient dans les steppes des environs d'Odessa. Pourquoi les sables de la Sologne ne leur conviendraient-ils pas ? *Le robinier faux-acacia*, dont les racines traçantes vont, comme celles des précédents, chercher au loin le peu de nourriture qui leur est nécessaire, se contenterait aussi de ce sol appauvri ; mais il faut se défier de ses racines qui porteront quelquefois préjudice aux cultures voisines ; par contre, elles seront très-utiles pour retenir les terres sur les talus et les pentes rapides. Il est évident que ces trois dernières essences viendraient mieux sur un sol plus fertile ; mais on se gardera bien de les y introduire : le chêne Tauzin, parce que, sa sève ne partant que très-tard, sa végétation est trop lente ; le Robinier, parce qu'au contraire, sa croissance étant très-rapide, il étouffe tout ce qui pousse autour de lui ; enfin l'Ailante, parce qu'il gèle avec une facilité extrême.

2° *Terres sablo-argileuses.*

Nous désignons, sous ce nom, une couche de sable plus ou moins légère reposant sur un banc d'argile.

Si le sol est plat, le banc d'argile retient les eaux, et la couche superficielle reste aquatique tout l'hiver; tandis qu'en été, le soleil, échauffant fortement le sable et l'argile, cette seconde classe a tous les inconvénients de la première, plus le défaut de profondeur.

L'agriculture ne tirera pas de ce sol un meilleur parti que du précédent, et les bois n'y croîtront pas non plus sans difficulté. *Le pin maritime* pourra bien venir dans les premières années ; mais au bout de quelque temps, sa croissance s'arrêtera brusquement ; c'est qu'alors son pivot aura rencontré le banc d'argile imperméable, et que ses racines stationneront dans un milieu aquatique contraire à leur nature. *Le pin sylvestre* y languira lui-même ; cependant il souffrira moins de l'humidité, et, arrivé à l'argile, il remplacera son pivot par des racines latérales. *Le pin noir d'Autriche* est celui dont les racines traçantes s'accommoderont le mieux du peu de profondeur du sol, et dont le feuillage touffu donnera le couvert le plus épais et les détritus les plus abondants.

L'amélioration la plus urgente dans de telles conditions, c'est l'ouverture de fossés d'assainissement. Alors on obtiendra, même en plaine, des effets analogues à ceux qu'on remarque sur les sols inclinés.

En pente douce, l'eau, trouvant à s'écouler, cesse de baigner la couche superficielle ; mais le soleil, surtout aux expositions de l'ouest et du midi, a plus d'action, et la sécheresse est extrême en été. Ce sol serait toujours trop exigeant en engrais pour être livré à l'agriculture, et il ne faut penser qu'à y élever du bois. Le couvert diminuera l'effet de l'irradiation solaire, et maintiendra quelque fraîcheur en s'opposant à l'évaporation des eaux de pluie. L'humus déposé à la surface, et les racines qui pénètreront plus ou moins dans l'argile et qui s'étendront en abondance dans la couche de sable donneront à cette terre la consistance et l'hygroscopicité qui lui manquent.

Le pin sylvestre, qui ne redoute pas les sous-sols argileux, conviendra particulièrement ici. Quand il aura suffisamment amendé le terrain, on y introduira les essences feuillues.

Le chêne, dont le pivot pourra pénétrer facilement la couche argileuse, formera la majeure partie du peuplement; mais sa végétation sera bien plus active si on lui associe, comme essences secondaires, *le charme et les érables*, dans des parties fraîches, *le robinier*, *l'orme* et *l'ailante* dans les sols secs et aux expositions chaudes. C'est aussi dans les meilleurs terrains de cette catégorie, ceux dont le sable est assez profond, ou l'argile divisée par de petits cailloux, qu'on peut élever *le châtaignier* avec le plus de succès. M. Lemaigre nous en a fait voir dans ces conditions sur son domaine du Vignel, commune de Ligny-le-Ribault. Après leur récépage et dès la première année, ils avaient fait une pousse de deux mètres de hauteur ; la couche de sable ne dépassait pas vingt-cinq centimètres, mais l'argile était convenablement divisée par de la pierraille.

Dans les parties humides et le long des cours d'eau, *le platane* réussira parfaitement ; l'avidité de ces arbres pour l'eau est telle, qu'à La Motte-Beuvron, nous en avons vu de superbes qui, plantés dans une prairie à 10 mètres d'un cours d'eau, envoyaient leurs racines se baigner jusque dans le lit du ruisseau dont elles tapissaient le fond.

3° *Terres argileuses.*

Ces terres, essentiellement compactes, sont humides et tenaces en hiver, sèches et dures en été ; dans tous les temps, très-difficiles à cultiver. Si les pluies du printemps sont abondantes, le sol imperméable les retient en une nappe d'eau sur laquelle le soleil vient frapper sans obstacle ; l'eau se transforme alors en vapeurs qui donnent naissance à des brouillards malsains dans la journée, à une abondante rosée le soir, et bien souvent, le matin, à une gelée blanche, dont la végétation ressent d'autant plus les funestes effets qu'elle a été plus avancée par la chaleur du jour ; on a remarqué toutefois que la gelée n'attaque ordinairement les végétaux que de 25 centimètres à 1^m 75 centimètres au-dessus du sol. Lorsqu'arrive la sécheresse, une croûte plus ou moins épaisse se forme à la surface du sol, et met obstacle à la sortie des jeunes plantes.

Malgré tant d'inconvénients, les terres argileuses offrent incomparablement plus de ressources que les précédentes. La sylviculture y fait venir les plus splendides futaies de chêne, et l'agriculture elle-même, après leur avoir fourni des amendements calcaires et des engrais, en tire du froment, des plantes légumineuses et des racines. C'est ici le cas de faire voir combien sont intimement liées l'agriculture et la sylviculture, et comment l'une aide à l'autre. Préalablement à la culture de ces terres en céréales, il faut, disons-nous, des amendements et des engrais ; de là, ordinairement, des dépenses considérables. Eh bien ! la végétation forestière va les donner gratuitement au cultivateur intelligent. Boisez temporairement les terres que vous destinez à l'agriculture ; les bois apporteront avec leurs feuilles un premier amendement qui corrigera l'excès de tenacité du sol, puis ils fourniront un engrais végétal d'autant plus riche en azote et en carbone que leur végétation sera plus belle. Ces principes, provenant de la décomposition de l'air par les parties vertes, et de l'absorption des gaz ammoniacaux par les racines, seront un véritable don fait au sol par la forêt. Il est à remarquer que l'argile, avant de céder aux plantes l'azote qu'elle contient, commence par s'en saturer elle-même ; il faudrait donc, dans un sol argileux, vierge de toute culture, une prodigieuse quantité d'engrais azoté pour obtenir des récoltes convenables. Le boisement aura le double avantage de saturer gratuitement le sol de cet engrais dispendieux, et de fournir, en même temps, au propriétaire, des produits d'une grande valeur. Il y aura bien quelques précautions à prendre pour ne pas laisser s'évaporer cet engrais naturel au moment de la conversion du bois en terre arable, nous verrons plus loin combien elles sont simples et peu coûteuses.

Pour les boisements temporaires, il faudra recourir à une essence qui croisse promptement, et qui emprunte le moins d'éléments nutritifs au sol, tout en donnant le plus de détritus ; *le pin sylvestre* remplit à souhait les conditions de ce programme.

Lorsqu'au contraire on voudra boiser définitivement des terres de cette nature (parti qu'il faudra prendre surtout dans les terres fortement argileuses), on associera au pin sylvestre *le pin laricio*, qui devra donner de plus beaux produits. Le pin maritime ne se plaît pas dans des terres aussi froides.

On ne réussirait pas si on voulait introduire directement les essences feuillues sur ces terrains dépourvus d'humus, et envahis par les bruyères, les genêts et les ajoncs ; mais quand le sol sera enrichi et nettoyé, soit par les résineux, soit aussi par une culture préalable de trois ou quatre ans, comme nous l'indiquerons à la fin de ce Mémoire, on y élèvera avec succès *le chêne*, et si le sol est suffisamment divisé, *le frêne* et *les érables*.

Le chêne surtout se plaît dans les terres argileuses, c'est là qu'il atteint ses plus belles dimensions. Des deux principales espèces de chêne, *le rouvre* seul vient dans les terrains excessivement secs ou purement argileux, en un mot, dans les plus pauvres, et sa végétation se ressent dans ce cas de la médiocrité du sol. Dans les terres plus divisées, plus fraîches, plus substantielles, *le pédonculé* a une végétation aussi luxuriante que le rouvre, et c'est là que le bois de l'un comme de l'autre acquiert des qualités d'autant meilleures que la croissance est plus rapide. Toutefois, le feuillage du

pédonculé étant plus léger, cette espèce favorise le dessèchement du sol et le développement d'autres plantes. C'est
pourquoi elle convient particulièrement aux plantations
isolées sur le bord des champs ou des chemins, tandis que
le rouvre doit toujours composer les massifs en forêt.
Notons, en passant, que nous avons fréquemment rencontré
le pédonculé sur des sols de la Sologne qui eussent mieux
convenu au rouvre.

Des plantations de *chêne d'Amérique*, faites par M. Canu,
sur le domaine impérial de La Motte-Beuvron, prouvent
que cette essence viendrait aussi bien que les chênes indi-
gènes dans les mêmes conditions.

4° *Terres pierreuses.*

Nous rangeons dans cette quatrième classe, à beaucoup
près la moins importante, les sols composés de cailloux
siliceux, qui s'agrégent en une masse compacte, un tuf dur,
que les racines des végétaux pénètrent très-difficilement.

La sécheresse et l'aridité sont les caractères prédominants
de cette classe ; il n'y a jamais assez de fraîcheur sur ces
sortes de sols, par conséquent, on y tentera plutôt des irrigations que des assainissements.

Les résineux seuls peuvent y vivre : *le pin sylvestre, le
laricio* et *le pin noir d'Autriche*, qui sont si peu exigeants
pour la fertilité du sol, trouveront à introduire leurs racines
dans quelques fissures, et s'ils rencontrent une veine de
bonne terre à une profondeur quelconque, pourvu que les
influences atmosphériques s'y fassent encore sentir, ils
prendront un remarquable accroissement ; à la longue,
même, leurs détritus déposeront à la surface une couche
d'humus, sur laquelle on pourra sans doute élever des sujets
plus difficiles et plus précieux.

Outre ces quatre classes de terrains, on trouve en Sologne des marécages et des tourbières. La sylviculture possède

un moyen d'en tirer parti et de les assainir en même temps,
c'est d'y planter l'*épicéa* ; cette essence est la seule parmi
les résineux qui puisse y venir ; mais elle y rend des services bien utiles : ses longues racines traçantes donnent au
sol la fixité qui lui manque, et leur avidité pour l'eau est si
grande qu'elles parviennent à assainir les parties les plus
aquatiques.

Une essence feuillue, qui est également capable d'utiliser
les marais et de neutraliser leurs émanations malfaisantes,
c'est l'*aulne* ; mais cet arbre ne se prête à aucun mélange.
Il faudra donc employer isolément, soit l'aulne, soit l'épicéa
dans les terrains marécageux.

§ II.

INDICATION DES ESSENCES LES MOINS CONVENABLES.

Il est encore d'autres essences qui peuvent venir également bien en Sologne, notamment *le bouleau*. Il réussit
partout ; mais on ne peut pas espérer de ce bois un grand
bienfait pour l'amélioration des terres ; ses feuilles petites
et peu abondantes, ne donnent qu'un couvert léger et qu'une
modique quantité d'humus. Dès lors, un massif composé
exclusivement de cette essence, laisse le soleil pomper l'humidité du sol, le vent enlever les feuilles mortes ou volatiliser
l'engrais déjà produit, et les plantes nuisibles envahir et
stériliser le terrain. A notre avis, le bouleau ne doit servir
qu'à former, sous les pins, un étage de bois feuillus pour
donner au sol la consistance que ne peuvent lui procurer
les aiguilles ; et là encore le charme le remplacerait avantageusement ; mais cette dernière essence ne vient pas
partout. Quant au mélange du bouleau avec les autres
essences feuillues (1), nous verrons qu'il présente des inconvénients pour la fixation de l'exploitabilité.

(1) Sauf avec le châtaignier (*Voir* chap. VII).

La facilité avec laquelle on réussit à obtenir des peuplements de bouleau sur les sables secs comme dans les argiles humides, et aussi le prix auquel se vendent ses produits depuis quelques années, ont porté la plupart des propriétaires à propager cette essence avec un entrain qui ne nous paraît pas sans exagération, et, qu'en tous cas, nous ne voulons pas encourager.

Un arbre important, qui doit être *exclu* de la Sologne, c'est le *hêtre*; les sols calcaires sont ceux où cette essence offre les signes de la plus belle végétation, et comme le calcaire fait défaut dans les terres dont nous nous occupons, ce serait peut-être s'exposer à un insuccès que d'y tenter en grand l'introduction du hêtre, à moins d'avoir à sa disposition des terres préalablement cultivées, et dans lesquelles la marne ou la chaux, apportés comme amendements, auraient fourni l'élément que nous regardons comme si utile. D'ailleurs, le hêtre ne se prête pas au traitement en taillis, à cause de sa difficulté à produire des rejets de souche. Il ne devrait être élevé qu'en futaie, et peu de particuliers seront tentés d'ajourner au siècle prochain le jour où ils pourront recueillir les résultats douteux d'un boisement difficile.

Le sapin pectiné et *le mélèze* ont été essayés sans succès sérieux. Ces deux essences tiennent trop exclusivement au climat de montagne pour s'accommoder des plaines du centre de la France, à moins d'y être plantées dans des terrains exceptionnels.

§ III.

QUALITÉS ET USAGES DES ESSENCES RECOMMANDÉES.

Après avoir recherché les essences qui se recommandent par les bienfaits qu'elles promettent au sol et au climat, nous allons indiquer leurs avantages plus directs, c'est-à-dire les qualités et les usages de leurs produits.

Le chêne rouvre et le chêne pédonculé, traités en taillis, donnent un bois de chauffage très-estimé, quand il est bien sec, de bon charbon, des échalas, des cercles de futaille et une écorce précieuse pour la tannerie. Hâtons-nous de dire, toutefois, que des considérations culturales nous empêcheront de conseiller l'écorçage en Sologne.

En futaie, le chêne est le bois le plus estimé pour les constructions civiles et navales. Ses qualités comme bois de service, c'est-à-dire sa force, sa ténacité, son élasticité, sa durée, augmentent avec la vigueur et la rapidité de sa végétation. C'est pour cela que le pédonculé, qui ne vient que dans les sols frais et fertiles, est toujours essentiellement propre aux constructions, tandis que le rouvre, qui croît même dans des terrains médiocres, mais qui y vient avec plus de peine, n'acquerra pas, dans ces conditions, les mêmes qualités que le premier ; il deviendra, par contre, plus propre à la fente, à la fabrication du merrain et à la menuiserie.

Le chêne tauzin, dont nous conseillons l'introduction dans les sables, n'a de qualité que pendant sa jeunesse, et devra, par conséquent, être toujours traité en taillis. Il donnera alors un excellent bois de feu, un très-bon charbon, des cercles de futailles, et même des glands très-utiles pour l'engraissement des porcs.

Les produits du châtaignier sont d'une valeur qui mérite qu'on fasse des efforts pour élever ce bois en Sologne. Il est surtout utile dans le voisinage des vignobles, parce qu'il fournit des cercles et des échalas d'une qualité supérieure à celle du chêne. Il produit, en outre, des fruits qui servent à la nourriture de l'homme ; il donne aussi un très-bon bois de charpente, et du merrain à un âge beaucoup moins avancé que le chêne ; mais dans notre climat, nous ne conseillerons pas de le traiter en futaie, il se creuse de bonne heure, et les gros châtaigniers n'ont d'autre avantage que de donner des fruits en plus grande quantité.

L'orme est dur et convient particulièrement au charron-
nage ; on en fait aussi des arbres et des roues de moulin,
des vis de pressoir, des écrous, etc.

Le frêne, les érables et le robinier faux acacia sont
recherchés par la menuiserie et l'ébénisterie ; les charrons,
les sabotiers et les tourneurs utilisent aussi le frêne. Le
robinier faux acacia donne des échalas de beaucoup de
durée.

Le bois de l'ailante est comparable à celui des précédents;
mais ses feuilles ont une propriété remarquable, les bestiaux éprouvent pour elles une répugnance bien marquée.
On pourrait tirer parti de cette particularité, en cultivant
l'ailante sur les lisières des bois difficiles à protéger contre
les troupeaux.

Le charme fournit un chauffage et un charbon de première
qualité ; il sert aux charrons quand il a atteint des dimensions suffisantes.

On n'apprécie pas assez le charme, à notre avis, en
Sologne, et on a tort de lui préférer le bouleau. On reproche
au charme de donner trop de rejets sur une même souche,
et de ne pas fournir de bois assez gros ; on remédierait à
ce double inconvénient en reculant le terme de son exploitabilité, et en adoptant l'habitude de nettoyer le taillis vers
la moitié de la révolution.

L'aune, qui se pique facilement quand il est employé à
l'air, est particulièrement utile dans les travaux hydrau-
liques, les corps de fontaine ou de pompe, les pilotis, etc.

Le platane convient parfaitement à la menuiserie et à
l'ébénisterie ; il donne de plus un excellent chauffage.

Le pin sylvestre sert aux constructions civiles et navales,
quand il acquiert, avec ses grandes dimensions, la dureté, la
souplesse et la durée nécessaires à cet usage ; mais il ne
peut arriver à ce degré d'utilité que dans les pays du nord
ou dans les régions les plus élevées de nos principales
chaînes de montagnes. En Sologne, il restera toujours avec

des dimensions modestes et on n'en tirera que des planches, des traverses de chemin de fer et des poteaux télégraphiques, d'une grande durée quand ils sont imprégnés de sulfate de cuivre ; puis du bois de chauffage et du charbon d'assez bonne qualité. Ses souches et ses racines produisent un goudron que l'on pourrait utiliser. Nous donnerons une idée de la croissance de ce pin, en disant que dans les bois de M. Ferrerre, dépendant du château de Felleville, nous en avons vu qui, à soixante ans, mesuraient 1^m 40 centimètres de circonférence à 1^m 30 centimètres du sol, et 20^m de hauteur; on nous a assuré qu'il y a quinze ans, ils n'avaient pas 70 centimètres de tour.

Le bois du pin maritime ne vaut, à aucun point de vue, celui du pin sylvestre, quoique affecté aux mêmes usages : mais sa croissance est plus rapide dans les premières années, et à vingt-cinq ans son volume est supérieur d'un cinquième à celui de son congénère ; c'est ce qui l'a fait préférer jusqu'à présent. Après vingt-cinq ans, le pin sylvestre le dépasse en volume et en qualité ; toutefois, comme c'est à cet âge que le pin maritime commence à fournir abondamment la résine, il donnera des produits d'une valeur incontestable à ceux qui voudront pratiquer le gemmage.

Le laricio acquiert, en Corse, toutes les qualités qu'exigent les constructions navales, et qu'on trouve dans les pins de Riga. Il est probable qu'en Sologne, il donnera des produits d'aussi bonne qualité au moins que le pin sylvestre. Il est très résineux, et pourrait être gemmé comme le pin maritime. Nous avons vu au Vignal des pins laricios de dix-huit ans, en très-bon état de croissance ; leur développement ne s'est ralenti depuis quelque temps que parce qu'on leur a fait subir dernièrement une éclaircie trop tardive, et surtout beaucoup trop forte. Ceux que nous avons remarqués chez M. Delage de Meux avaient quarante ans, et mesuraient 17 mètres de hauteur sur 0^m 70 centimètres de tour ; ils étaient assez serrés et admirablement droits.

Le pin noir donne, en Autriche, un bon bois de construction. Il fournira en tous cas, dans notre climat, un chauffage et un charbon de bonne qualité, et il est tellement résineux qu'on doit s'attendre à ce que son gemmage soit extrêmement productif ; c'est d'ailleurs, de tous les pins, celui qui trouvera en Sologne le climat le plus semblable à celui du pays où il croît spontanément et où il acquiert les plus grandes dimensions et les meilleures qualités.

Quoique l'arboriculture ne rentre pas dans notre programme, nous ne pouvons résister au désir de dire un mot des arbres exotiques que nous avons admirés à La Motte-Beuvron. Les cèdres de l'Atlas, les cèdres déodora, les abies Duglasii, les pinus excelsa, les séquoïa gigantea, et tant d'autres, dont un homme de goût a orné le parc impérial, prouvent, par leur belle venue, qu'avec beaucoup de soins et des frais dont nous n'avons pas eu l'indiscrétion de demander le montant, on peut embellir les domaines de la Sologne, comme ceux des contrées les plus favorisées.

§ IV.

INFLUENCE DU BOISEMENT SUR LA FERTILITÉ ET SUR LE CLIMAT DE LA SOLOGNE.

Après cet examen détaillé de tous les sols qui se rencontrent en Sologne, et des produits qu'on peut en tirer, on reconnaît, en résumé, qu'il n'est pas une parcelle de terre que la sylviculture ne puisse mettre en valeur ; que le bois doit rester en possession de la plus grande étendue du territoire ; et que, sur le surplus (une portion des terres argileuses), c'est encore le bois qui permettra de cultiver les céréales avec avantage et économie. Remarquons en outre que l'étendue des terres arables étant restreinte sans que les prairies soient diminuées, les cultivateurs, au lieu d'éparpiller sur de grandes surfaces leurs efforts, leurs capitaux et leurs engrais, les ramasseront sur des terres moins étendues et mieux choisies ; et une culture, devenue plus intensive, donnera, de l'avis des hommes les plus compétents, des résultats beaucoup plus certains et beaucoup plus rémunérateurs.

Lorsque les forêts auront reconquis leur ancienne importance, les pluies seront sans doute augmentées, et la moyenne du volume d'eau débité par les rivières sera plus élevée, ce qui permettra de multiplier les irrigations et d'augmenter le nombre des usines ; mais en même temps, le sol deviendra plus hygroscopique, il emmagasinera les eaux pluviales pour ne plus les abandonner qu'avec mesure ; les sources deviendront plus nombreuses et plus régulières, et un temps viendra où, grâce aux travaux combinés des ingénieurs et des forestiers, on n'aura plus à redouter ni les extrêmes sécheresses, ni les inondations désastreuses. Enfin, la santé des habitants sera de moins en moins exposée aux maladies qui l'attaquent si communément : avec les eaux croupissantes disparaîtront petit à petit les effluves fiévreux ; en tous cas, les marécages, étant entourés de bois, l'air impur qui s'en dégagera ne pourra arriver aux centres de population que tamisé à travers les massifs, et purifié par la respiration des feuilles.

Il nous reste à expliquer par quels procédés les bois doivent être créés et entretenus, comment on doit les exploiter et les faire alterner avec la culture des céréales ; mais, dès à présent, ne pouvons-nous pas résumer ce chapitre sous la forme de deux aphorismes que le paysan solonais fera bien d'ajouter dorénavant à ceux du célèbre Jacques Bujault ?

> Si tu veux du blé, fais du bois.
> Si tu veux du chêne, fais du pin.

CHAPITRE III.

Création des bois. — Semis. — Pépinières. — Plantations.

§ Ier.

DISCUSSION GÉNÉRALE SUR LES AVANTAGES COMPARÉS DES SEMIS ET DES PLANTATIONS.

Lorsqu'on se trouve en face d'un terrain à boiser, une première question se présente : faut-il semer ? faut-il planter ?... Question difficile, et sur laquelle les forestiers sont loin d'être d'accord, question d'ailleurs très-complexe et que l'on ne peut résoudre qu'à force de distinctions. En matière forestière, il est presque toujours impossible de trouver une réponse simple et absolue, parce que la nature du sol, le tempérament des essences, le prix des graines, le nombre des ouvriers disponibles, les conditions particulières dans lesquelles se trouve le propriétaire, toutes ces données sont dissemblables dans deux domaines contigus, et la solution du problème doit être, pour employer le langage des mathématiciens, une *fonction* de ces divers éléments.

Jusqu'à ce jour les propriétaires de la Sologne ont presque exclusivement boisé par semis, et ils éprouvent une certaine appréhension contre les plantations. Sans méconnaître qu'ici le semis doit être généralement employé, par suite de la nature des sols sablonneux ou ameublis que l'on destine au boisement, nous croyons utile d'embrasser la question dans son ensemble, et de démontrer que les plantations ont des avantages dont on pourra tirer parti même en Sologne.

Avez-vous en surabondance et à bon marché de la graine sur la qualité de laquelle vous pouvez compter ? Le sol est-il d'une préparation simple et facile ? N'avez-vous à craindre aucun des accidents qui font habituellement manquer les semis dans la localité ? Semez ; tout le monde admettra que dans ce cas le semis est le moyen le plus prompt et le plus économique de mettre votre terrain en bois. — Si, au contraire, la graine est rare et d'un prix élevé, si sa qualité est douteuse, si l'essence à employer est d'un tempérament délicat dans ses premières années, si le sol est difficile à cultiver en plein, si l'expérience a appris que des causes multiples d'insuccès font manquer les semis une ou deux années de suite, convenez, avec tout le monde encore, que l'avantage des semis diminue singulièrement. Cet avantage peut-il diminuer jusqu'à disparaître et à se tourner même en désavantage ? C'est notre conviction personnelle, et nous allons l'appuyer sur une démonstration.

Il faut pour cela comparer les semis et les plantations à deux points de vue :

1° Au point de vue cultural, nous rechercherons quel est le mode qui offre le plus de chance de succès ;

2° Au point de vue financier, nous évaluerons le prix de revient de chaque procédé, et nous examinerons aussi quel est celui qui rend le plus promptement au propriétaire le revenu qu'il doit attendre de ses fonds.

1° *Considérations culturales.*

Les arbres ont une nature comparable à celle des hommes, ils sont plus délicats dans leurs premières années qu'à l'âge adulte. La gelée, l'humidité, la chaleur, la séche-

resse les impressionnent vivement, et autant les influences
atmosphériques sont favorables au développement de leurs
tendres organes si elles leur sont distribuées avec mesure,
autant elles leur sont fatales quand elles sont excessives.
Un semis sans culture (qu'on me permette cette métaphore),
c'est une famille abandonnée de ses parents : sans doute, si
les conditions dans lesquelles cette famille est abandonnée
sont faciles, si la nourriture est à portée dans une terre
meuble et substantielle, si le climat est doux, si les brins
sont assez nombreux pour se défendre mutuellement contre
la sécheresse, la famille prospèrera ; à moins que dans leur
succès même ces brins ne trouvent un danger, celui de
pousser trop serrés et de s'affamer les uns les autres. Mais
s'il en est autrement, si la compacité du sol ne permet pas
aux racines de trouver la nourriture nécessaire à la vie, si
le soleil durcit et dessèche la terre, si enfin les bruyères
vigoureuses et les genêts tenaces parviennent à s'introduire
entre les rangs clairiérés des jeunes brins, la lutte est iné-
gale et les semis succomberont ; il se rencontrera cependant
quelques sujets fortement constitués ou plus heureusement
placés qui survivront à la défaite générale, et les partisans
du repeuplement naturel les montreront avec orgueil en
disant que personne n'est plus robuste qu'un homme de la
campagne qui a été élevé au grand air, et qui s'est habitué
de bonne heure aux privations et à la rudesse du climat,
tandis qu'un enfant élevé à la ville, au milieu des mille
petits soins dont l'entoure la constante préoccupation de
parents fortunés, ne deviendra souvent qu'un homme délicat
et sans énergie !... Soit ; mais à côté de ce plant naturel et
de cet homme rustique, combien de sujets qui n'ont pas
résisté aux rudes épreuves qu'ils ont eu à subir, et que vous
eussiez sauvés avec des soins bien entendus.

Fuyons les extrêmes ; et pour les jeunes plants comme
pour les jeunes enfants, sachons éviter et les privations qui
épuisent et la mollesse qui énerve. Les débuts de la vie sont
entourés de difficultés ; appliquons-nous à les faire traver-

ser rapidement par tous les sujets, afin que ne dépensant pas inutilement leurs forces dans une lutte trop précoce, ils conservent la vigueur nécessaire pour résister plus tard aux accidents qui pourront survenir et que nous ne pourrons plus leur éviter.

Pour les plants, on obtient cet heureux résultat par leur éducation en pépinière ; c'est là qu'à l'abri de tout danger, ils doivent passer les années où succombent ordinairement le plus de brins ; c'est là que, cultivés avec la méthode raisonnée que nous expliquerons tout-à-l'heure, et soumis dans un sol autant que possible semblable à celui où ils seront plus tard transplantés, ils doivent prendre une provision de forces qui leur permette de supporter d'abord les fatigues de la transplantation, puis de s'élancer au-dessus des brins du même âge. On les choisira d'ailleurs d'une taille convenable pour qu'ils ne soient pas dominés par les plantes nuisibles.

Les animaux, sans être inoffensifs pour les plantations, leur feront incomparablement moins de tort qu'aux semis. Ils feront périr quelques plants, çà et là ; mais dans un semis, ce sont des hectares entiers que les oiseaux, les rongeurs, les sangliers viennent détruire. Les glands sont d'autant plus souvent dévorés par les animaux qu'il est difficile de les conserver longtemps, et qu'étant semés ordinairement dès l'automne, ils sont exposés tout l'hiver à leurs ravages. Les graines de pin sylvestre n'étant répandues qu'au printemps, courent moins le risque de servir de nourriture aux oiseaux ; mais comme on ne récolte pas ces graines soi-même, on n'est jamais sûr de leur qualité ; elles ne sont extraites des cônes dans les sécheries qu'à l'aide d'une chaleur artificielle qui bien souvent diminue ou détruit leur faculté germinative et rend le succès incertain pendant deux ou trois ans. Il faut donc attendre ce délai pour savoir si le semis doit être recommencé ou complété. Cette incertitude sur la qualité des graines fait souvent employer trop ou trop peu de semence sur une étendue donnée ; et le propriétaire est forcé d'avoir recours deux ou trois ans plus tard, soit à des dépressages, soit à des regarnis, deux remèdes coûteux. A-t-il voulu mélanger deux essences différentes? Il voit souvent la proportion qu'il avait combinée renversée par la qualité des graines des deux espèces. Par la plantation, au contraire, rien n'est laissé au hasard, ni la proportion des essences mélangées, ni la distance entre les sujets. Quand on a vu la régularité et la belle croissance des peuplements obtenus par plantation dans les bois de pins et bouleaux de M. Delaage de Meux, le long de l'allée des Quatre-Vents; dans ceux de M. Ferrerre (chênes et châtaigniers) au château de Folleville, et dans d'autres encore, l'hésitation n'est plus possible.

2° Considérations financières.

Le prix de revient d'un boisement se compose :

A. De la valeur soit des graines, soit des plants ;

B. De la main-d'œuvre pour cultiver le terrain et exécuter le semis ou la plantation ;

C. Des frais d'entretien.

A. *Valeur des graines et des plants.* — Les plants nécessaires pour boiser un hectare valent-ils plus cher que la graine à employer pour ensemencer la même étendue ? — Pas toujours. Supposez un semis en pin sylvestre ou en pin d'Autriche, dont la graine vaut en moyenne 4 fr. 50 c. le kilo ; il en faudra au moins quatre kilos, soit 18 fr. par hectare. Prenons une plantation aussi serrée que possible ; elle sera composée, par exemple, de 10,000 plants de 3 ans espacés de mètre en mètre ; nous verrons tout-à-l'heure, en traitant des pépinières, que le mille de ces plants revient à 77 c., soit 7 fr. 70 c. par hectare ; ou bien, si on préfère la plantation par touffes composées chacune de trois plants de 2 ans, on les place à 1^m 50 centimètres d'intervalle, et nous verrons que les 4,350 touffes (ou 13,050 plants à 64 c. le mille) ne coûteront elles-mêmes que 8 fr. 35 c.

S'agit-il de chênes ? Il faut pour le semis complet et en plein, dix hectolitres de glands à 5 fr. l'hectolitre, soit 50 fr. par hectare ; pour ce prix on aurait 50,000 plants de chêne, élevés de 3 à 4 ans en pépinière ; il n'en faut pas la moitié pour boiser la même étendue.

Ainsi, généralement l'avantage sur ce point reste aux plantations. Il est vrai que nous raisonnons sur des boisements en une seule essence et qu'on a ordinairement recours à des mélanges ; mais le raisonnement serait le même, et nous croyons être plus facile à comprendre en ne nous occupant que d'une essence à la fois.

B. *Main-d'œuvre.* — Pour un semis, il faut cultiver le terrain en plein ; pour une plantation, on n'a que quelques trous à ouvrir. Dans les sables légers et les vieilles terres épuisées par l'agriculture, où un léger labour et un hersage suffiront pour enterrer les graines, les frais de culture seront très-réduits et le semis sera certainement avantageux. Mais si on voulait reboiser des sols argileux, difficiles à labourer, des terrains couverts de souches et de plantes nuisibles, ou regarnir des clairières gazonnées dans les taillis, la plantation deviendrait préférable, surtout en employant de jeunes plants dont les racines n'exigeraient pas un trou bien profond. Ce qui rend ordinairement la plantation coûteuse, c'est la main-d'œuvre nécessaire pour la mise en terre des plants, tandis que le répandage des semences à la volée est insignifiant comme dépense.

C. *Frais d'entretien.* — Avec le mode de plantation serrée que nous conseillons et dont nous donnerons la description plus loin, savoir : les résineux en touffes et les feuillus en bouquets, nous rendons inutiles les travaux d'entretien, tels que binages, sarclages, etc., travaux ordinairement si coûteux qu'ils suffisent à faire renoncer aux plantations. Le seul entretien, dans notre procédé, consistera à remplacer les plants morts, ou à récéper les feuillus dont la tête paraîtra se dessécher. C'est une dépense insignifiante ; les regarnis dans une plantation par touffes ne dépassent pas 2 p. 0/0, et le récépage au sécateur des plants morts en cime pourrait être fait sans frais par un garde soigneux ; si on voulait récéper tous les chênes deux ou trois ans après la plantation, ce qui réussit souvent à activer la végétation, il suffirait par hectare d'une journée d'ouvrier.

L'entretien des semis consistera à regarnir les places vides, souvent à recommencer en entier un semis qui n'aura pas réussi, et quelquefois, dans les pins trop serrés, à faire dès l'âge de 4 ans un premier dépressage bien plus coûteux et plus difficile que le récépage des plantations feuillues. Nous devons faire figurer ces opérations dans les travaux d'entretien ; car elles n'ont d'autre but que d'assurer la réussite du boisement, et les produits de l'une et de l'autre sont également sans valeur.

Il nous reste une observation à présenter :

C'est que les plantations ayant une avance de plusieurs années sur le semis, cette avance est elle-même un avantage pécuniaire. Les bons taillis de chêne s'exploitent en Sologne à 20 ans, et valent à cet âge 600 fr. l'hectare. En plantant des sujets de 4 ans, on gagnera donc à la première révolution le cinquième de la valeur du taillis, soit 120 fr.

Les pins exploités à 30 ans doivent rapporter 1,840 fr. l'hectare ; or, la plantation de sujets de 2 ans fait gagner d'abord les deux ans dont les plants sont âgés, puis en moyenne deux autres années que le semis perd par des retards dans la germination et dans les regarnis partiels ou généraux ; c'est donc les $\frac{4}{30}$ de la valeur à l'exploitabilité que fait gagner la plantation des résineux, soit 245 fr. à chaque coupe définitive.

Ces considérations et ces chiffres nous semblent de nature

à convaincre les propriétaires qu'il ne faut pas rejeter d'une manière absolue et générale le mode de boisement par voie de plantation.

Toutefois, avant de tirer de cette discussion des conclusions pratiques, nous allons exposer comment doivent s'opérer les semis et les plantations et calculer à quels prix ils reviennent.

Il nous sera facile ensuite de préciser dans quel cas il faut semer et dans quel cas il faut planter.

§ II.

SEMIS.

Les terres à ensemencer peuvent se diviser en trois classes d'après la difficulté qu'elles offrent au sylviculteur :

1° Les vieilles terres épuisées par l'agriculture ;

2° Les terres sablonneuses, incultes et couvertes de plantes peu nombreuses ;

3° Les terres argileuses et toutes celles qui sont complètement envahies par la bruyère.

Il est avantageux de cultiver cette dernière classe en seigle ou en sarrasin pour compenser les frais de défrichement et de labour ; toutefois, pour traiter à fond la question si importante des semis et des plantations, nous indiquerons le moyen de boiser directement ces bruyères et nous évaluerons les frais de l'opération. Ce travail ne sera pas sans utilité ; car il ne suffit pas de signaler les procédés à suivre, il faut aussi, pour éviter au propriétaire des déceptions et des pertes, dénoncer ceux qui entraîneraient à des dépenses exagérées ou inutiles.

1° *Vieilles terres épuisées par l'agriculture.*

Elles sont généralement meubles et propres. La plupart des propriétaires leur donnent un dernier labour, puis sèment les essences forestières, et les recouvrent à l'aide de deux coups de herse en sens opposé ; le semis, dans ce premier cas, est presque toujours assuré, et tous les propriétaires ont à montrer des résultats magnifiques obtenus par ce procédé. On l'applique pour les semis résineux et pour les semis mélangés ; nous n'avons pas vu de semis purement en essences feuillues.

Voici les prix de revient par hectare suivant les essences employées.

PIN MARITIME :

10 kilos de graines de pin maritime, à
0 fr. 60 c. le kilo........................ 6 f. » c.
   0 kil. 500 grammes de pin sylvestre, à
4 fr. 50 c. le kilo....................... 2 25
   Labour, ensemencement et hersage........ 20 »
                                         ____
                                           28 f. 25 c.

PIN SYLVESTRE :

4 kilos de graines, à 4 fr. 50 c. l'un........ 18 f. » c.
Labour, ensemencement et hersage........ 20 »
                                         ____
                                           38 f. » c.

ESSENCES MÉLANGÉES.

Le mélange des résineux dans les semis d'essences feuillues nous paraît très-avantageux ; il donne un abri fort utile, complète de suite le massif et assure un boisement définitif, quelque variée que soit la nature du terrain.

Quelques propriétaires commencent par semer le gland et la châtaigne sur le labour, un premier hersage enterre profondément cette première semence ; puis on sème les graines résineuses qui sont recouvertes par un second et plus léger hersage ; mais ce système a l'inconvénient de coûter beaucoup de glands et de châtaignes et de créer de prime-abord le désordre que nous regrettons dans les semis naturels. Nous préférons le procédé suivant : semer les graines de pin à la volée et les recouvrir à la herse, puis repiquer des glands par potets espacés en ligne à des distances régulières, 1^m 50 centimètres en tous sens, par exemple : on met quatre glands ou châtaignes dans chaque potet, un homme et une femme peuvent en un jour ouvrir les potets et semer les glands sur un hectare ; voici dans ce cas le montant des frais :

8 kilos de graines de pin maritime, à 0 fr. 60 c. l'un. . . . . 4 f. 80 c.

500 grammes de graines de pin sylvestre, à 4 fr. 50 c. le kilo. 2 25

1 hectolitre de glands, à 5 fr. . . . . 5 »

1 hectolitre de châtaignes, à 7 fr. . . . . 7 »

Labour, semis du pin et hersage. . . . . 20 »

Ouverture des trous et repiquage des glands et des châtaignes. . . . . 3 »

———————
42 f. 05 c.

Certains propriétaires trouvent moyen de réduire considérablement cette dépense; ils sèment, en même temps que le pin, du seigle ou du sarrasin qui ombrage le semis la première année et qui rembourse à la moisson tous les frais de culture ; seulement, il faut avoir la précaution dans les vieilles terres de faire le semis de pin pendant que le sol est encore susceptible de donner une récolte. Rien de plus simple que cette heureuse combinaison.

2° *Terres sablonneuses, incultes, et couvertes de plantes peu nombreuses.*

Le labour sera plus difficile et coûtera plus cher, la graine devra aussi être semée plus abondamment, parce que le sol présente moins de chances de succès ; le pin maritime sera porté à 12 kilogrammes .par hectare, les frais de labour varieront suivant la difficulté du terrain ; ils pourront atteindre quelquefois le double de ce qu'ils coûtent dans une terre précédemment cultivée.

3° Terres argileuses totalement envahies par les bruyères.

On estime généralement que le labour de ces terres revient à 100 fr. par hectare ; malgré cette forte dépense, les bruyères ne tardent pas à reparaître, et au bout de trois ou quatre ans le semis a péri et doit être recommencé ; les tiges ne sont pas seulement étouffées par la bruyère, mais les racines ne peuvent plus vivre. La charrue et les hersages n'ayant pas suffisamment brisé la terre, les jeunes plants lèvent d'abord dans de bonnes conditions, à l'abri des mottes inégales ; puis au bout de trois ou quatre ans les racines sortent de ces premières mottes et se trouvent dans un vide où elles se dessèchent, alors les plants meurent les uns après les autres. D'autres fois encore, les racines des bruyères sont si nombreuses qu'elles forment un tissu impénétrable. Nous ne pouvons donc conseiller cette opération qui monterait d'ailleurs à la somme élevée dont voici le détail :

Labour .... 100 f. » c.
5 kilos de graines de pin sylvestre.......... 22   50
Semis et hersage 8   »
                                              ____
                                              130 f. 50 c.

Le pin maritime n'aurait aucune chance de réussir dans ces conditions. Un des forestiers les plus regrettés, M. Dubois, alors inspecteur à Blois, a inventé, pour diminuer les frais de culture, un instrument qu'il a nommé charrue forestière et que ses anciens collègues appellent la charrue

Dubois. Cet instrument donne d'excellents résultats, même dans les terrains difficiles, et son emploi serait souvent avantageux en Sologne.

Nous ne ferons pas la description de cette charrue, elle est assez connue des sylviculteurs : qu'il nous suffise de rappeler que, suivant l'expression même de son inventeur, elle tient de la herse par le nombre (cinq) et le peu d'écartement de ses socs, de la charrue sous-sol et du buttoir par la forme de ces mêmes socs qui sont arqués en avant et qui se terminent en coin pour faciliter l'enture, soulever et renverser le terrain. Un mouvement de bascule lui permet de franchir sans difficulté les obstacles opposés par les souches, et elle peut de la sorte opérer aussi bien en pleine forêt qu'en terrain découvert ; deux chevaux suffisent pour la conduire, et d'après notre propre expérience elle peut cultiver en un jour un hectare dans les terres légères et 50 ares dans les terres difficiles.

Dans les terres meubles, comme les terres épuisées par l'agriculture ou les terres incultes d'une nature sablonneuse, on sèmerait d'abord la graine, puis on ferait passer la charrue pour la recouvrir ; les petits sillons qu'elle trace dans le sol, créent un abri fort utile aux jeunes plants la première année, et la défonce du sol à sept centimètres est tout-à-fait suffisante.

Le montant des frais par hectare serait dans ce cas de :

12 kilos de pin maritime, à 0 fr. 60 c........ 7 f. 20 c.
0 kilo 500 grammes de pin sylvestre, à
4 fr. 50 c..................................... 2 25
Semis et labour .... 14 »
____
23 f. 45 c.

Dans les terres argileuses, on déchirera d'abord le sol et les racines des plantes nuisibles avec la plus forte enrure de la charrue, on sèmera ensuite et on recouvrira à la herse. Le prix par hectare sera :

5 kilos de graines de pin sylvestre, à
4 fr. 50 c. l'un.............................. 22 f. 50 c.
    Labour................................... 24 »
    Semis et hersage........................ 8 »

                                     54 f. 50 c.

Enfin, si la terre était très-compacte et totalement envahie par la bruyère, il faudrait d'abord détruire ces plantes par un écobuage à feu courant, puis donner deux labours dans des directions transversales. La dépense, sans compter les frais d'écobuage, serait augmentée d'une nouvelle somme de 24 f., et monterait ainsi à 78 fr. 50 c. par hectare.

Un sol ainsi préparé conviendrait beaucoup mieux au boisement en pin que celui qui est complètement retourné par la charrue Dombasle et que nous avons vu se monter à 130 fr. 50 c. Les petits sillons offriraient aux jeunes plants le même abri que les grosses mottes, et il n'y aurait pas à craindre que les racines tombassent dans une espèce de vide ; toutefois, c'est dans ces bruyères surtout qu'il faut s'attendre à recommencer au moins une fois les labours et les semis, ce qui double le prix de revient.

Le printemps est l'époque la plus favorable pour les semis en général ; les graines sont alors moins exposées à la gelée, à la pourriture et aux ravages des animaux affamés ; de plus, la levée des jeunes plants étant un peu retardée, les gelées printanières sont moins funestes. Toutefois, dans les sols secs et arides, on fera bien de semer le pin maritime à l'automne, on sera sûr qu'en hiver la graine trouvera même dans ce sol assez d'humidité pour germer ; les pluies du printemps ne lui suffiraient pas toujours.

§ III.

PÉPINIÈRES.

Avant de rechercher le meilleur système de plantation, commençons par déclarer qu'aucun ne peut réussir avec des plants crûs sous le couvert des bois, affamés par les plantes nuisibles, dépourvus de chevelu, etc., etc.

C'est trop souvent l'emploi de plants de cette espèce qui a causé des déceptions inévitables, et qui attire le dédain sur le mode de boisement pour lequel nous avouons notre prédilection.

Quand on adopte le boisement par plantation, c'est qu'on est persuadé que les plants, moins nombreux que les brins qui lèvent dans un semis, auront par contre plus de vitalité. Or, comment donnerez-vous cette surabondance de vitalité aux sujets que vous prenez parmi les semis destinés à rester en place, et qui n'ont reçu aucun soin particulier. Est-ce en les arrachant, les privant d'une partie de leurs racines, les exposant au grand air et les plaçant dans un milieu tout autre, mais tout aussi défavorable que celui où ils ont vécu jusqu'alors, comme cela arrive quand on les tire du couvert pour les planter en pleine lumière, ou qu'on les prend à l'état serré pour les placer dans l'isolement ? Evidemment la transplantation est une fatigue, et pour qu'un plant puisse la supporter, et surtout avoir plus de vigueur qu'un brin de semis naturel, il faut qu'il ait pris d'avance une provision de force. La nature ne se charge pas de lui fournir cette provision surabondante, parce que la transplantation n'est pas dans ses desseins. C'est à vous qui voulez planter à élever vos plants dans ce but spécial.

On voit par ce raisonnement qu'il faut toujours avoir recours à des plants élevés en pépinière, pour être certain de réussir une plantation.

Beaucoup de propriétaires, s'arrêtant à cette première idée, se sont adressés à des pépiniéristes plus ou moins éloignés de leurs propriétés ; mais outre qu'ils ont payé des prix exorbitants (8 à 16 fr. par mille), ils ont reçu des plants qui, entassés en bottes plus ou moins fortes, s'étaient échauffés ou desséchés pendant le voyage au point de ne pouvoir plus être employés. D'ailleurs, ces plants étaient presque toujours tirés d'un sol tout-à-fait différent de celui auquel ils étaient destinés, et la reprise en a été longue et pénible. Quelques sylviculteurs, pour mieux les acclimater, ont cultivé pendant un an, dans une espèce de pépinière volante, ces sujets achetés déjà fort cher dans une pépinière étrangère, et l'expression par laquelle nous avons entendu désigner cette opération : *mettre les plants en nourrice*, complète à merveille la métaphore que nous développions au commencement de ce chapitre. Mais que de frais inutiles !

On évite tous ces inconvénients par la création de pépinières dans son propre domaine. On choisira un emplacement à proximité des terrains à boiser, les transports seront plus économiques et moins dangereux pour la bonne conservation des plants. Le voisinage de la maison d'un garde est désirable, il préviendra les déprédations et facilitera la surveillance ou même l'exécution de nombreux travaux d'entretien.

Le sol, d'une fertilité moyenne, devra être composé des mêmes éléments que celui destiné à être boisé. Grâce à cette précaution, les jeunes plants qui sortiront de la pépinière ne seront pas exposés à rencontrer une différence funeste entre la richesse du terrain où ils auront été élevés et celle du sol où ils seront plantés à demeure. Toutefois, nous recommandons d'éviter une terre trop légère et trop profonde ; les racines s'y développeraient rapidement, et les spongioles seraient bientôt à une distance telle du collet, qu'il serait très-difficile de les avoir lors de l'extraction des plants. Si on y réussissait, la mise en terre de ces longues racines présenterait des difficultés ; et si on retirait les plants sans beaucoup de chevelu, leur reprise serait compromise. Mieux vaut un peu de compacité et vingt centimètres de profondeur seulement ; d'ailleurs, il est toujours facile d'ameublir sur un espace restreint un sol trop compacte ; il n'y a qu'à le recouvrir de sable siliceux avant le labour et le hersage.

On cherchera aussi à abriter la pépinière par un rideau de bois, au nord contre les vents qui amènent la gelée, à l'est contre les rayons du soleil qui désorganisent les jeunes pousses couvertes de frimas, à l'ouest ou au sud contre la plus forte chaleur.

La plupart du temps, en Sologne, on n'aura pas besoin de défricher du bois pour trouver l'emplacement d'une pépinière ; une terre précédemment cultivée, mais non épuisée, se trouvera dans de bonnes conditions ; on la protégera contre le gibier, soit par des fossés de clôture qui serviront à l'assainissement, soit par des clayonnages qui pourront se transporter d'une pépinière à l'autre dans le cas où l'on ne voudrait établir que des pépinières mobiles. On la divisera ensuite en carrés ou plates-bandes par des allées dont la terre végétale sera rejetée sur la partie destinée à recevoir les semences.

A l'automne, des sillons seront ouverts de l'est à l'ouest à l'aide de la binette et du cordeau, et ensemencés avec les graines qui ne pourraient attendre le printemps ; les semis seront complétés aux mois de mars et d'avril.

Nous ne sommes pas d'avis de semer trop dru, ni de rapprocher les sillons comme on le fait souvent. Certains forestiers, semant 20 kilogrammes d'épicéa par are, font lever 100,000 à 120,000 plants sur cet espace restreint. La pépinière, nous ne saurions trop le répéter, a pour but de mettre le plant dans les meilleures conditions de végétation durant ses premières années ; un état aussi serré n'est pas une bonne condition. Il faut que chaque brin participe à l'influence bienfaisante de la lumière, et pour cela nous faisons nos sillons aussi étroits que possible, 3 centimètres de largeur seulement, et nous les plaçons alternativement à 20 et à 40 centimètres d'intervalle, de manière que pour les cultiver on puisse, sans inconvénient, passer dans les bandes de 40 centimètres. Nous ne semons par are que 2 kilogrammes de graines résineuses, telles que celles d'épicéa, de pin d'Autriche et de pin sylvestre, ou bien un hectolitre de glands; et nous en tirons soit 20,000 à 24,000 plants résineux, soit 15,000 à 17,000 chênes.

Les pépinières doivent être sarclées et binées fréquemment, au moins trois fois par an ; et il faut avoir soin de n'employer pour ce travail que des instruments qui ne puissent endommager ni les tiges, ni les racines, tels que la binette, la houe fourchue, le trident et toute espèce de fourches à dents plates. Ces binages, dans un sol argileux surtout, sont préférables aux arrosements pour protéger la pépinière contre la sécheresse. Les premiers, en effet, ameublissent la superficie du sol, et si la couche superficielle perd rapidement son humidité, comme elle n'est pas complètement adhérente à la partie inférieure, elle ne répare plus aux dépens de celle-ci la perte qu'elle a éprouvée ; mais, s'interposant entre l'action du soleil et la couche inférieure, elle devient un obstacle au dessèchement de cette dernière. Les arrosements, au contraire, auraient pour effet de durcir la couche supérieure, et de la rendre adhérente à la couche inférieure.

On peut aussi avantageusement remplacer les sarclages et les binages par une couverture de mousse garnissant les bandes incultes qui séparent les sillons. La mousse empêche toute végétation parasite de se produire dans ces bandes ; elle entretient une humidité qui se fait sentir dans les sillons eux-mêmes ; enfin, par la saillie qu'elle produit, elle fournit un abri suffisant pour assurer la bonne germination de la graine et le développement du jeune plant.

Vers l'âge de deux ans, on retire ordinairement les plants des sillons pour leur donner plus d'espace et diminuer les pivots qui tendent à s'allonger outre mesure : cette opération est fort utile et donne ordinairement d'excellents résultats. Nous l'avons vu pratiquer avec beaucoup de succès dans la pépinière de la Vigne, au domaine impérial de La Motte-Beuvron ; mais il faut avouer qu'elle exige des soins minutieux pour ne pas faire périr un certain nombre de jeunes plants, qu'elle nécessite un emplacement considérable (les plants repiqués en pépinière se trouvaient à 15 centimètres l'un de l'autre), et qu'en outre, elle est très-onéreuse.

Dans les pépinières que nous avons créées et entretenues, nous n'avons jamais fait de repiquages, et voici comment nous y avons suppléé. Pour les résineux, nous rendons le repiquage inutile en ne semant pas trop dru et retirant les plants dès l'âge de deux ans ; c'est l'âge le plus convenable pour le mode de plantation par touffes, que nous expliquerons plus loin. Quant aux feuillus, aux chênes notamment, ils doivent rester plus longtemps, trois ou quatre ans en pépinière ; à cet âge, leur pivot serait démesurément long même dans un sol argileux et la reprise du plant deviendrait difficile. Voici le procédé que nous substituons au repiquage : au bout de deux ans, à l'aide d'une bêche bien acérée, enfoncée obliquement de chaque côté du sillon, on ampute les pivots en terre à 12 centimètres au-dessous du collet ; cette opération est très facile, très-prompte et ne compromet pas l'existence du jeune plant que l'on n'a pas besoin de sortir de terre. A la suite de cette amputation, la croissance du plant est arrêtée ou ralentie temporairement à l'extérieur, et tout le travail de la végétation se fait en terre. Arrachez votre plant l'année suivante, et vous verrez le collet abondamment pourvu de racines et de chevelu ; sa transplantation sera aussi facile qu'assurée.

Nous avons vu des chênes traités par cette méthode à la pépinière de la Vigne ; dans un carré, les plants avaient été amputés au mois d'août ; dans un autre, au printemps, immédiatement avant la sève. Les racines du second carré étaient incomparablement plus riches en chevelu ; après une telle expérience, il n'y a pas à hésiter dans le choix de l'époque à laquelle doit se pratiquer l'amputation.

Si la pépinière est établie d'une manière définitive sur un point donné, la couche superficielle ne tardera pas à s'épuiser, parce que c'est elle qui nourrira constamment les jeunes plants. On aura donc soin de remplacer cette couche superficielle par du terreau et des composts préparés à l'avance à l'aide de gazons et de feuilles mortes en décomposition ; ou mieux encore, la décomposition des feuilles demandant

environ quatre ans, on formera du terreau en brûlant des
feuilles et du menu bois avec des mottes de gazon, et on
mélangera ces cendres avec de la terre végétale ; il ne sera
pas inutile de faire ce mélange quand les cendres seront
encore chaudes pour détruire les insectes et les semences de
mauvaises herbes que la terre pourrait contenir.

Une pépinière d'un hectare a été créée d'après ces principes en 1864, dans la forêt d'Orléans, près du Chêne de
l'Évangile ; sans parler de la clôture à l'intention des sangliers qui ne sont pas aussi redoutables en Sologne, son
établissement a coûté 500 francs, pour l'écobuage, le pio-
chage et le nivellement du terrain, sa division en carrés, le
bombement et l'ensablement des allées ; c'est donc une
somme de 15 francs dont il faut tenir compte annuellement
dans les frais de la pépinière pour l'intérêt de 500 francs à
3 %, taux du placement foncier.

L'entretien annuel pour semis, binages, couvertures,
amputation, etc., est de 300 francs.

Une pépinière ainsi établie peut être affectée moitié aux
essences résineuses, moitié aux essences feuillues. Sur 50 ares
avec 100 kilos de graines résineuses de diverses espèces
(pin sylvestre, pin d'Autriche, laricio, épicéa), à 4 fr. 50 c.
le kilo en moyenne, on retirera 1,200,000 plants en
moyenne au bout de 2 ans. Sur les 50 autres ares, avec
50 hectolitres de semences de chêne, châtaignier, charme,
frêne, érable, etc., on retirera, au bout de quatre ans,
800,000 plants.

Voyons à combien revient le mille de plants résineux :

Intérêts pendant deux ans des frais d'établissement de la
pépinière sur 50 ares : $250 \times \frac{3}{100} \times 2 = $ 15 f. » c.

Frais d'entretien pendant deux ans : $150 \times 2 = $ 300 »

Prix de la graine : 100 kilos à 4 fr. 50 c. l'un,
en moyenne.. 450 »

Ainsi, 1,200,000 plants reviennent à........ 765 f. » c.
et le mille à soixante-quatre centimes.

Un calcul semblable montrerait que le mille de plants coûterait soixante-dix-sept centimes, si on voulait les garder trois ans en pépinière.

Cherchons le prix de revient des plants feuillus :

Intérêts pendant quatre ans des frais d'établissement de la pépinière sur 50 ares : $250 \times \frac{3}{100} \times 4 = 30$ f. » c.

Frais d'entretien pendant quatre ans : $150 \times 4 = 600$ »

Prix de la graine : 50 hectolitres à 5 fr. l'un,
en moyenne. . . . . 250 »
____

Les 800,000 plants ont donc coûté. . . . . 880 f. » c.
soit par mille. 1 10

Un calcul semblable montrerait que, si on ne voulait garder les plants que trois ans en pépinière, le prix de revient serait. 0 90
____

Soit en moyenne. . . . . 1 f. » c.

Nous adoptons ce prix d'un franc par mille, parce qu'on plante au moins la moitié des sujets à trois ans.

§ IV.

PLANTATIONS

Les seules plantations qui aient été faites en grand dans la Sologne sont jusqu'à présent les plantations de bouleau, soit avec des plants achetés chez des pépiniéristes, soit avec des plants pris sous bois dans des semis naturels ; la reprise du bouleau est tellement facile que ces plantations réussissent partout. C'est ordinairement après avoir ensemencé le terrain en pin maritime qu'on vient planter 10,000 bouleaux de deux ou trois ans, par hectare, en les espaçant de mètre en mètre ; l'achat revient à 8 fr. et la plantation à 5 fr. le mille. Les calculs précédents font voir que ces plants reviendraient à 90 centimes le mille à un propriétaire qui les élèverait lui-même en pépinière ; la plantation d'un hectare ne coûterait alors que 59 fr.

Maintenant que nous avons indiqué le moyen de se procurer d'excellents plants d'essences plus précieuses et à des prix très-bas, nous pouvons envisager la plantation comme un procédé très-pratique de boisement et nous allons décrire les méthodes les plus recommandables pour les bois résineux d'abord, pour les bois feuillus ensuite :

1° *Plantations résineuses.*

Les amputations sont souvent funestes aux racines des résineux, c'est pourquoi nous conseillons de n'attendre que deux ans pour mettre en place les sujets de cette classe.

On les plantera par touffes, c'est un moyen pour ainsi dire infaillible ; à l'aide d'une bêche on coupera les sillons de la pépinière par plaques, et on soulèvera les plants par grosses touffes avec la terre adhérente aux racines. Si la température est sèche et chaude, il sera bon de les plonger immédiatement dans un bain de terre grasse délayée d'avance dans un baquet ; les plus petites racines au lieu de se trouver exposées au soleil seront ainsi abritées dans une espèce de fourreau. Ces plants seront déposés avec précaution dans des paniers, recouverts de mousse fraîche, et transportés de suite sur le terrain à boiser, et là divisés à la main par petites touffes de deux, trois ou quatre brins. Les trous se font à la houe ou à la bêche demi-circulaire, et on introduit dans chacun une de ces petites touffes que l'on enterre jusqu'aux premières aiguilles si le sol est sec, jusqu'au collet si le sol est humide.

Cette méthode recommandée à l'école forestière et pratiquée depuis dans les conditions les plus défavorables par un grand nombre d'agents forestiers, ne cesse pas d'étonner par ses succès. Nous avons fait nous-même de ces plantations dans la forêt de Senonches (Eure-et-Loir), avec des laricios de trois ans, sur une côte rocailleuse et exposée aux plus fortes chaleurs du soleil couchant : pas une seule touffe n'a manqué, et quand nous avons revu ces plantations quatre ans après, elles avaient gagné plus de deux mètres de hauteur ; quelques sujets du même âge et de la même essence, provenant de la même pépinière, plantés isolément comme essai sur le même sol et les mêmes jours, ont tous péri. Rien n'est plus concluant.

La saison la plus convenable pour la plantation des résineux donne toujours lieu à de nombreuses discussions. Ces arbres conservent leurs feuilles toute l'année, et cela nous indique qu'une condition essentielle de leur existence, c'est que la sève ne cesse jamais de circuler en quelque saison que ce soit. Si on les déplante quand le courant de la sève est le plus ralenti, en hiver, on l'arrêtera tout-à-fait, les feuilles tomberont et le sujet périra. En plein été, au contraire, on exposerait les racines à un soleil trop brûlant qui les dessècherait ; c'est donc la fin du printemps ou le commencement de l'automne qui convient le mieux ; nous faisons nos plantations dès que le bourgeon terminal est développé, c'est-à-dire du 1er avril au 20 mai ; les laricios de Senonches ont été plantés au commencement de mai.

En espaçant les touffes à 1m 50 centimètres de distance, il en faudra 4,350 par hectare, ou bien, à raison de 3 plants en moyenne par touffe, 13,050 plants.

Voici le prix de revient dans un hectare de bruyères :

Valeur des plants élevés dans une pépinière* qui n'est pas éloignée de plus de 4 kilomètres :

4,350 touffes ou 13,050 plants à 0 f. 64 centimes le mille. . . . . 8 f. 35 c.

  Ouverture de 4,350 trous à 8 fr. le mille. . . . 34 80

  Plantation de 4,350 touffes à 2 f. 50 centimes le mille. 10 87

              Dépense totale par hectare. . . . . 54 f. 02 c.
              Soit par touffe. . . . . 0 f. 01,25

On peut aussi, dans des sols moins arides et envahis par de moins fortes bruyères, planter les pins isolément ; et si

on prend alors des sujets de trois ans à 77 centimes le mille,
ce procédé de plantation reviendra sensiblement au même
prix que le précédent.

Si l'on voulait planter une vieille terre ameublie et propre,
l'ouverture des trous deviendrait très-facile, et ne coûterait
que cinq francs le mille ; la dépense totale serait ainsi réduite
à 44 fr. par hectare ou 1 centime par touffe.

Il sera avantageux d'employer des hommes pour l'ouverture des trous, et des femmes pour la plantation proprement
dite.

2° *Plantations d'essences feuillues.*

Deux raisons qui s'opposent d'ordinaire à la réussite des
plantations d'essences feuillues, c'est l'isolement et la sécheresse. Le vent ébranle ou renverse aisément un sujet
qui n'est soutenu d'aucun côté ; et le hâle, desséchant la tige
et la terre qui l'entoure, le fait bientôt périr. De plus, tant
que les jeunes arbres ne forment pas massif, ils ne s'élancent
pas. Pour échapper à ces diverses causes d'insuccès, il faut,
au lieu de planter les arbres isolément, les grouper par
bouquets, c'est-à-dire qu'à chaque place destinée à recevoir
un chêne, on établira un potet assez grand pour en contenir
plusieurs rassemblés les uns si près des autres qu'ils puissent se défendre mutuellement contre la violence des vents
et contre l'ardeur du soleil ; ils formeront ainsi un petit
massif dans lequel le plant le mieux favorisé partira, domi-
nera les autres, et les forcera bientôt à buissonner à ses
pieds pour lui fournir la fraîcheur et l'engrais nécessaires à
sa bonne végétation.

M. Seguinard, inspecteur des forêts à Dreux, a eu l'idée
de faire appliquer cette méthode dans la forêt de Senonches,
il y a sept ans ; on a toujours continué depuis, les résultats
dépassent toutes les espérances. On plante ordinairement
seize sujets (chênes ou hêtres) dans un potet d'un mètre

carré ; mais dans un but d'économie, nous proposons de donner 70 centimètres en carré seulement et de n'y mettre que neuf plants ; les bouquets seront d'ailleurs espacés à la distance qu'on voudra, 2, 3 ou 4 mètres, et on sèmera du pin maritime ou sylvestre dans l'intervalle pour compléter le massif et maintenir la fraîcheur du sol.

En adoptant l'espacement de 2 mètres, on aurait par hectare 2,500 petits bouquets pour lesquels il faudrait 22,500 plants.

La confection de chaque potet dans un terrain argileux envahi par les plantes nuisibles, coûtera 4 centimes ; la plantation, y compris l'extraction, le transport à une distance d'au plus 4 kilomètres, l'habillage et le repiquement des plants, 2 fr. 50 c. le mille ; dès lors, le prix de la plantation par hectare revient à :

2,500 potets, à 0 fr. 04 c. l'un.............	100 f.	» c.
Valeur de 22,500 plants, à 1 fr. le °⁰/₀₀.....	22	50
Plantation de 22,500 plants, à 2 fr. 50 c. le °⁰/₀₀	56	25

$$\overline{}$$

178 f. 75 c.

Soit par bouquet..... 0 f. 07,14

Dans les sols sablonneux et les terres cultivées, l'ouverture des potets coûtera au plus 2 centimes, et les frais de la plantation seront réduits à :

2,500 potets, à 0 fr. 02 c. l'un	50 f.	» c.
Valeur de 22,500 plants, à 1 fr. le °⁰/₀₀.....	22	50
Plantation, à 2 fr. 50 c. le °⁰/₀₀.............	56	25

$$\overline{}$$

Total par hectare......... 128 f. 75 c.

Soit par bouquet..... 0 f. 05,15

Il serait nécessaire d'ajouter à ces prix la valeur du semis de pin destiné à compléter le massif.

On voit qu'une plantation d'essences feuillues exclusivement exige une mise de fonds souvent disproportionnée avec la valeur du sol en Sologne ; mais un boisement de cette espèce n'est pas non plus celui qu'il faut préférer sous le rapport cultural. Quelqu'avantageux que soit le mélange des charmes, des frênes, des érables avec le chêne, le mélange du pin vaut encore mieux, surtout celui du pin maritime dont le couvert ne cause aucun préjudice au chêne.

On pourrait donc se contenter de planter des bouquets de chêne à 4 mètres d'intervalle dans un semis complet de pins maritimes, soit au moment du semis, soit plus tard sous le massif déjà suffisamment éclairci, il ne faudrait alors que 625 bouquets, à 0 fr. 0515, soit : 32 fr. 19 c.

Si on voulait un boisement tout en plantations, nous proposerions dans une plantation à 2 mètres d'intervalle de planter deux lignes de bouquets feuillus contre une de touffes résineuses ; ou si l'intervalle était réduit à 1ᵐ 50 centimètres, deux lignes de touffes résineuses contre une de bouquets feuillus.

Les prix deviendraient ceux-ci :

TERRES ARGILEUSES.

Plantation à 2 mètres d'intervalle.

1,666 bouquets feuillus, à 0 fr. 0714........	118 f. 95 c.
833 touffes résineuses, à 0 0125.......	10 41
Total par hectare.........	129 f. 36 c.

Plantation à 1 mètre 50 centimètres d'intervalle.

1,450 bouquets feuillus, à 0 fr. 0714........	103 f. 53 c.
2,900 touffes résineuses, à 0 0125.......	36 25
Total par hectare.........	139 f. 78 c.

TERRES SABLONNEUSES OU CULTIVÉES.

Plantation à 2 mètres d'intervalle.

1,666 bouquets feuillus, à 0 fr. 0515.......	85 f. 80 c.
833 touffes résineuses, à 0 0100.......	8 33
Total par hectare.........	94 f. 13 c.

Plantation à 1 mètre 50 centimètres d'intervalle.

1,450 bouquets feuillus, à 0 fr. 0515....... 74 f. 67 c.
2,900 touffes résineuses, à 0   0100....... 29   »
                                              ———————
                Total par hectare.......... 103 f. 67 c.

On peut aussi ne mettre qu'un plant par trou, et on réussira si on a recours à une essence qui donne beaucoup de feuilles et qui croisse très rapidement dans ses premières années, comme le châtaignier. Nous avons vu une châtaigneraie créée par ce moyen dans les bois de M. Ferrerre, au lieu dit Goulard; les plants disposés en quinconce, à 1 mètre de distance, ont donné de si belles pousses dès les premières années, qu'ils ont de suite formé massif; nous reviendrons sur ce sujet en traitant spécialement des châtaigneraies.

Comme plantation fort heureuse de feuillus et de résineux mélangés, nous pouvons citer celle que M. Delaage de Meux nous a fait voir le long de l'allée des Quatre-Vents, dans son domaine de Maisonfort. Elle s'étend sur près de 4 hectares, et le terrain est un sable assez gras précédemment cultivé. On y a planté les sujets isolément; mais à des distances régulières, une ligne de pins sylvestres entre deux lignes de bouleaux. Les bouleaux ont été achetés chez un pépiniériste, les pins enlevés en mottes dans des semis naturels; on a mis ainsi par hectare environ 1,000 pins et 2,000 bouleaux, et les frais de la plantation ont monté à 127 fr. par hectare d'après les renseignements que le propriétaire a bien voulu nous donner. La plantation qui a 21 ans aujourd'hui, offre un coup-d'œil magnifique: tout le terrain est mis en plein rapport, les pins ont une végétation luxuriante, et leur élagage, renouvelé périodiquement, permet aux bouleaux de former de belles talles par-dessous; les bouleaux sont exploités en taillis tous les sept ans.

§ V.

CONCLUSION SUR L'EMPLOI DES SEMIS OU DES PLANTATIONS.

Nous pouvons, maintenant, tirer des conclusions pratiques de la comparaison des semis et des plantations.

Il y a toujours avantage à recourir au semis pour le pin maritime. Les sols qui lui conviennent sont les terres épuisées par l'agriculture et les sables meubles; mais il n'est pas assez robuste pour réussir dans des terrains quelquefois si arides, sans être à l'état serré et sans avoir un pivot plus long que ceux des sujets tirés des pépinières. Nous avons vu, d'ailleurs, que les prix du semis dans ces conditions sont très-minimes, et qu'on peut supprimer les frais de culture par une récolte de seigle ou de sarrasin. Les graines de pin maritime coûtent fort peu et elles sont presque toujours de bonne qualité. Tout se réunit donc pour indiquer le semis; c'est le procédé qu'on a toujours suivi en Sologne, et il n'est pas douteux qu'il ne doive être continué.

Le tempérament robuste du chêne se prête également bien au semis et à la plantation; mais le semis entraîne ordinairement moins de dépense. Par conséquent, dans les années où la glandée sera abondante, on aura recours, pour les vieilles terres, aux semis d'essences mélangées; nous avons vu qu'ils coûtent moitié moins cher, et qu'il y a moyen d'en obtenir la régularité au moins pour les chênes. Le pin maritime semé à la volée s'élève rapidement au-dessus du chêne, et son couvert léger lui fournit de l'ombrage et de l'engrais; la feuille du chêne, à son tour, donne au sol le liant et la fraîcheur que ne donne jamais l'aiguille du pin, et cette condition réussit la plupart du temps à préserver les pinières de l'invasion des insectes. Les plus beaux taillis que nous ayons vus en Sologne ont tous été obtenus par ce moyen,

soit au domaine impérial de La Motte-Beuvron, soit chez
M. Delaage de Meux, soit chez M. le prince d'Essling, soit
chez M. le comte de Tristan, soit chez M. Ferrerre, soit
chez M. Lemaigre. Nous ferons seulement observer que des
plantations auraient commencé à donner leurs revenus
quatre ans plus tôt, et qu'elles auraient ainsi compensé l'excé-
dant des frais nécessité par leur adoption.

Néanmoins, on devra toujours avoir du chêne en pépinière ; le plant remplacera le gland dans les années où les
chênes n'auront pas de fruit, ce qui n'est pas rare ; de plus,
il servira à regarnir des vides dans les taillis, à introduire
des bouquets feuillus dans les pinières que commencent à
envahir les plantes nuisibles, à repeupler en mélange avec
des touffes de pin sylvestre les sols argileux plus difficiles à
cultiver ; dans ces divers cas, la plantation a tous les avantages, au point de vue pécuniaire comme au point de vue
cultural.

Le pin sylvestre réussit également par les deux modes.
On le sèmera en mélange avec le pin maritime et le gland
dans les terres cultivées ; mais sa semence, comme celle du
pin d'Autriche et du pin laricio valant quelquefois plus de
cinq francs le kilo, et la main-d'œuvre pour la plantation en
touffes étant peu élevée, on trouvera avantage à le planter
dans les terres argileuses, couvertes de bruyères, difficiles
à labourer, etc.

Il est des contrées dans lesquelles un semis de pin, fait à
la volée dans les bruyères, réussit parfaitement sans aucune
préparation ; les graines arrivées jusqu'au sol y trouvent de
la fraîcheur et de l'abri sous les plantes qui le couvrent,
puis les jeunes pins s'élèvent au-dessus de ces plantes, les
étouffent et deviennent maîtres du terrain ; mais en Sologne,
généralement, les genêts et les ajoncs sont trop vivaces, les
bruyères trop fortes, et les pins ne parviennent pas à les
dominer. Un forestier, sorti de la forêt d'Orléans, a fait de
vains efforts pendant longtemps pour appliquer dans les
bois de M. le prince d'Essling, à La Ferté-Saint-Aubin, ce

procédé avec lequel il était habitué à réussir de l'autre côté de la Loire. Un boisement de cette nature revient d'ailleurs à un prix plus élevé qu'on ne le croit généralement, même dans les meilleures conditions. Il faut y employer une quantité de semence double, au moins 10 kilos par hectare, soit déjà 45 fr., et il faut s'attendre à recommencer le semis au moins une fois avant d'avoir un résultat. Dans les bruyères, il n'y a que des plantations de pin sylvestre par touffes que l'on puisse faire avec confiance, et nous verrons même à notre dernier chapitre que, dans ces conditions, il est avantageux de faire précéder le boisement d'une culture temporaire qui compensera les frais de défrichement.

L'épicéa a besoin d'abri pendant ses premières années, et le châtaignier réclame avec le même abri des soins minutieux et un sol parfaitement nettoyé ; il est donc nécessaire d'élever ces essences en pépinière pour les planter ensuite dans les terrains qu'on leur destine.

Le charme et le frêne, dont les graines sont plus d'un an sans germer, devront aussi être propagés par voie de plantation et non par semis.

Il nous semble inutile de poursuivre ces indications ; on voit comment, à l'aide des bases que nous avons posées, le sylviculteur pourra juger, dans chaque cas particulier, si le semis est préférable à la plantation.

CHAPITRE IV.

Entretien et exploitation des bois résineux.

Les peuplements étant définitivement créés, il faut les entretenir pour les amener dans les meilleures conditions à l'âge de leur exploitabilité.

Nous regardons comme travaux d'entretien : les coupes d'éclaircies, les élagages, les moyens préservatifs ou destructifs à employer contre les insectes, la prohibition du pâturage et de l'enlèvement des feuilles.

§ Ier.

ÉCLAIRCIES.

Dans les bois provenant de semis, le massif est quelquefois tellement fourré, que la première éclaircie ou le premier *dépressage*, pour employer l'expression adoptée en Sologne, doit se faire à l'âge de 4 ans, c'est un des inconvénients du semis. Il sera difficile de se servir de la serpe sans endommager les pins voisins de ceux qu'on voudra enlever ; si le sol le permet, on arrachera à la main les pins surabondants. Dans les conditions normales, c'est seulement à l'âge de 7 ans que se fait la première éclaircie. On doit renouveler cette opération tous les trois ans, jusqu'à 25 ans ; au-delà de cet âge, il suffira d'éclaircir tous les cinq ans et plus tard tous les dix ans, si on veut prolonger la révolution.

Nous avons remarqué que, partout en Sologne, les souches restent en terre après les éclaircies. C'est un tort ; leur extraction donnerait un produit qui couvrirait les frais ; elle ameublirait le sol, faciliterait ainsi l'introduction naturelle ou artificielle d'un sous-bois feuillu, et surtout elle éviterait d'offrir aux insectes des refuges où ils pullulent ordinairement, pour, de là, s'élancer sur les peuplements difficiles à défendre. Il faudrait au moins, pour couper les vivres aux insectes, exploiter entre deux terres les pins dont on ne pourrait que difficilement arracher les souches.

Ces éclaircies ont pour but de donner peu à peu la lumière nécessaire à la végétation et l'espace utile au développement des brins réservés ; un massif serré à une croissance trop prononcée en hauteur, les branches latérales privées de lumière se dessèchent à partir des verticilles inférieurs, et l'arbre n'ayant plus de feuilles qu'à l'extrémité de la cime, finit par périr. Du reste, nous n'avons pas besoin d'insister sur ce point, tous les propriétaires de la Sologne connaissent l'utilité des dépressages et ne manquent pas de les pratiquer. Nous croyons plutôt avoir à modérer l'élan de ce côté qu'à l'exciter : des peuplements sont éclaircis tous les deux ans et très-largement, au point qu'à 25 ans on ne trouve quelquefois que 300 ou 400 brins par hectare. Lorsqu'on n'introduit pas de feuillus en sous-étage, ou que l'on ne veut pas gemmer les pins, ce peuplement est certainement trop clair ; le soleil vient frapper sur le sol, le durcit et volatilise les principes nutritifs que lui avaient procurés les pins pendant leurs premières années, les arbres cessent de croître en hauteur, ou bien, s'ils sont encore très-jeunes, ils s'allongent irrégulièrement en tordant leurs tiges. On doit à notre avis trouver au moins 1,000 sujets par hectare dans une pinière de 25 ans. Si la pinière est destinée au gemmage, il faut au peuplement plus d'air et plus d'espace ; cependant, même dans ce cas, MM. Lorentz et Parade fixent encore à 500 le nombre de brins qui doivent rester sur pied à cet âge de 25 ans.

§ II.

ÉLAGAGES.

En même temps que les éclaircies, on pratique l'élagage des arbres réservés. Beaucoup d'auteurs prétendent que cette opération est inutile et nuisible, et que les branches basses tombent d'elles-mêmes. C'est une erreur évidente pour tous ceux qui parcourent les pinières non élaguées, surtout quand elles sont fortement éclaircies. Ici, la sève attirée dans les basses branches a considérablement grossi leur diamètre au détriment de la tige, et l'arbre est à tout jamais incapable de fournir du bois de service ; là où le peuplement est plus serré, les basses branches privées de lumière ont perdu leurs feuilles, se sont desséchées, puis, sous l'effort du vent, d'un accident quelconque, ou seulement de leur propre poids, se sont cassées à une longueur variable et ont laissé des chicots durcis par l'exsudation de la résine. Ces chicots se trouvent enclavés comme des chevilles dans les couches annuelles qui finiront par les couvrir peu à peu, mais sans faire corps avec elles. Lorsque l'ouvrier voudra exploiter une tige pareille, il rencontrera nombre de chevilles qui émousseront son outil et qui, tombant au moment du débit, laisseront chaque planche perforée de trous.

Il faut donc élaguer, et élaguer rez tronc. C'est à tort qu'on assure que les résineux souffrent d'un élagage sans chicot. Ils souffrent moins que les feuillus de ces blessures ; sans doute, on remarquera un écoulement de résine pendant quelque temps, mais celui que provoque le gemmage est autrement considérable, et il est reconnu que le bois des arbres gemmés a plus de qualité que les autres. D'ailleurs, la plaie se referme et se cicatrise promptement, car la concrétion de la résine s'oppose à la sortie de la sève et remplace naturellement les onguents, mastics, etc., que l'on applique sur les plaies des arbres feuillus.

Nous ferons ici la même observation que pour les éclaircies ; on élague au moins assez en Sologne, nous avons vu des pins auxquels on n'avait laissé qu'un bouquet de branches insuffisant pour assurer à l'arbre une végétation vigoureuse. N'oublions pas que les arbres résineux vivent surtout par les feuilles, et laissons-leur toutes les branches de la cime, lorsque leur accroissement ne peut préjudicier à celui de la tige. A l'exception des branches sèches, qui doivent être enlevées partout où elles se trouvent, l'élagage, à notre avis, doit porter sur les deux tiers au moins, les trois quarts au plus de la hauteur totale.

A l'appui de notre théorie sur l'élagage, nous pourrions citer, dans le voisinage d'Orléans, deux pinières contiguës et du même âge, mais appartenant à deux propriétaires différents. L'une a été élaguée avec soin, l'autre a conservé toutes ses branches; l'énorme différence que chaque visiteur constaterait dans les volumes respectifs des tiges serait le plaidoyer le plus éloquent en faveur de l'élagage.

§ III.

MOYENS PRÉSERVATIFS ET DESTRUCTIFS A EMPLOYER CONTRE LES INSECTES.

Les peuplements résineux ont de terribles ennemis dans les insectes. Nous sortirions de notre programme en donnant la description complète des insectes forestiers et de la nature de leurs ravages ; il faudrait un volume tout entier pour traiter à fond cette importante question, et nous n'arriverions pas moins à cette triste conclusion, que l'homme est la plupart du temps impuissant à se défendre contre leurs attaques.

Notre dessein se borne à donner ici des aperçus généraux.

Il y a deux groupes d'insectes à redouter en forêt : les phyllophages qui dévorent les feuilles et autres parties vertes des végétaux, et les lignivores qui rongent le bois et l'écorce.

Parmi les phyllophages, l'insecte le plus nuisible en Sologne est le *bombyce pinivore* ou *processionnaire du pin*, quelquefois désigné sous le nom de *bombyce pityocampe*; c'est un lépidoptère que l'on rencontre surtout dans les pinières en sol sec et sablonneux.

« Les chenilles paraissent en juin et juillet, et se construisent en terre une coque, tissée de fils soyeux et de sable, dans laquelle elles se retirent à certains moments, en sortant et y rentrant toujours dans un certain ordre de procession, les unes à la suite des autres sur une seule file. Elles forment des familles de cent à cent cinquante individus et même plus, produit d'une même ponte sans aucun doute, et montrent un grand instinct de sociabilité. Elles mangent en commun, réunies en amas sur les aiguilles des pins, muent de même abritées à l'aisselle des grosses branches et entourées par quelques rares fils qui retiennent leurs dépouilles.

« Au mois d'août, les chenilles du bombyce pinivore s'enfoncent dans le sable les unes à côté des autres, s'y filent une coque et s'y transforment en chrysalides; on reconnaît la place où elles gisent, aux soies nombreuses qui revêtent la surface de la terre et y forment un tissu épais et serré (1). »

L'insecte atteint l'état parfait au printemps.

Les moyens préservatifs qui paraissent les plus utiles sont le mélange des bois feuillus avec les résineux, et la conservation des feuilles sur le sol. On donne par là aux sables meubles de la fraîcheur et du liant qui empêchent les chenilles d'y pénétrer pour s'y transformer en chrysalides.

Les chenilles sont recouvertes de poils raides et irritants qui les protégent contre les oiseaux ; mais les parasites, tels

(1) *Cours de Zoologie forestière*, par M. MATHIEU, professeur à l'École forestière.

que les ichneumonides, opposent à leur multiplication le plus sérieux obstacle. Lorsqu'une femelle d'ichneumonide est fécondée, elle dépose ses œufs sur les chenilles qui serviront de nourriture à ses larves ; et on a remarqué que la fécondité des ichneumonides s'accroît avec la multiplication progressive des chenilles ; aussi, quand ils ne font pas cesser le mal, ils l'atténuent considérablement.

Le seul moyen destructif à portée de l'homme, c'est l'échenillage. Comme les bombyces sont toujours réunis en nombreuses familles, soit sur les aiguilles quand ils mangent, soit à l'aisselle des branches quand ils muent, soit dans le sable quand ils se transforment, on peut en détruire une grande quantité à l'aide d'un râcloir emmanché au bout d'une perche pour les atteindre sur les arbres, à l'aide d'une houe pour les prendre dans le sol.

Parmi les lignivores, on trouve le *pissode noté*, qui, à l'état parfait et à l'état de larve, perfore les racines des plantes de petites dimensions ; l'*hylobe* et l'*hylésine* qui se développent à l'état de larves dans le liber des souches et des bois abattus ou dépérissants, puis à l'état parfait vont ronger l'écorce et le liber des jeunes plants ou perforer les jeunes pousses ; enfin le *bostriche sténographe*, vivant aux dépens du liber que ses larves sillonnent de galeries dans les pins de toutes dimensions.

Tous ces petits coléoptères ont besoin, pour se développer en grand nombre, de bois morts, dépérissants ou atteints de maladies. « Leur préférence pour les arbres en cet état est due sans doute à ce qu'ils n'y sont pas gênés par une trop grande abondance de sève et de sucs résineux en circulation, et ne courent pas le danger de périr étouffés ou noyés par ces liquides. Il est aussi infiniment probable que dans ces végétaux, ils trouvent plus abondamment que dans d'autres les éléments assimilables, sucres, gommes et fécules dont ils doivent se nourrir, soit que ces principes se forment par suite d'un commencement de fermentation de la matière ligneuse, soit que, produits par l'action ordinaire des parties vertes, les autres organes du végétal n'aient plus la vitalité nécessaire pour en transformer la totalité en éléments insolubles et non nutritifs, cellulose et lignine, qui devaient concourir à la formation de nouveaux tissus (1). »

Cette observation nous fait reconnaître que, pour préserver les pins de l'invasion des insectes lignivores, il faut surtout s'attacher à maintenir les forêts dans le meilleur état de végétation par le mélange des bois feuillus aux résineux, par des éclaircies bien dirigées, par l'extraction des souches qui sont le réceptacle ordinaire d'une foule d'insectes, notamment des hylobes, par l'exploitation des arbres morts ou dépérissants, par la prompte vidange des bois exploités et des chablis.

Il arrive souvent que les bois dépérissants faisant défaut, les insectes se jettent sur des peuplements en pleine vigueur ; les premiers, noyés par la sève, succombent victimes de leur audace ; mais après plusieurs tentatives, les arbres commencent à dépérir et ils deviennent bientôt la proie de leurs ennemis. C'est ainsi qu'il faut expliquer ces zones circulaires et concentriques sur les rayons desquelles les arbres sont d'autant plus malades qu'ils sont plus rapprochés du centre. Il a suffi d'une cause quelconque de dépérissement sur un premier groupe d'arbres, comme un coup de soleil, un ouragan qui a renversé quelques chablis, plus souvent le voisinage d'un fourneau à charbon, ou tout autre accident ; les insectes sont alors venus se précipiter sur les arbres morts ou malades ; puis ils ont attaqué les arbres voisins ; et ceux-ci ne leur suffisant plus, ils ont commencé une nouvelle campagne contre la zone suivante, etc. Nous avons vu à la Couscaudière (domaine de La Motte-Beuvron) ces phénomènes causés par l'établissement d'un fourneau à charbon, dans un peuplement de pins maritimes

(1) *Cours de Zoologie forestière*, par M. MATHIEU.

de 20 ans environ ; on a fait tomber tous les arbres malades, mais les insectes les ont bien vite quittés pour se jeter sur les voisins, et il faudra exploiter toute la parcelle résineuse et la repeupler en essences feuillues. Quelquefois on trouve des pins sylvestres très-sains au milieu des plus maritimes les plus malades ; c'est alors que le pin sylvestre se trouve sur un sol qui lui convient mieux qu'au maritime, et que la vigueur de sa végétation le défend contre les bostriches ; ou bien, chaque espèce d'insectes ne se nourrissant que de végétaux d'une espèce déterminée, l'animal qui a attaqué les pins maritimes se souciait peu du pin sylvestre.

Pour détruire les insectes dont on n'a pu prévenir l'invasion, il faut exploiter les peuplements attaqués et hâter leur écorcement et leur vidange. Il est nécessaire de choisir la saison où les insectes sont à l'état d'œufs ou de larves, sans quoi on leur livrerait bénévolement les arbres les plus sains. C'est au commencement du printemps que les bostriches, notamment, sont entre l'écorce et le bois, à l'état de larves. Si l'on ne peut enlever immédiatement les arbres abattus, il sera facile de les écorcer de suite, les insectes ayant déjà rompu l'adhérence entre le bois et l'écorce. Quand les bostriches sont à l'état de larves, la finesse de leurs téguments permet une évaporation très-rapide, et il suffit de les mettre à découvert pour les faire périr. Lorsqu'ils ont atteint l'état de nymphe, ils peuvent résister à l'action de l'air et du soleil ; et pour les détruire, il faudra dans ce cas brûler les écorces avec les herbes voisines. Afin de retrouver ceux qui auraient pu échapper à la première destruction, il sera bon d'exploiter dans le voisinage quelques arbres dépérissants ; les insectes viendront se prendre au piége, et lorsqu'on en aura la certitude, on écorcera ces arbres ou on les enlèvera.

Quant aux semis ravagés par les pissodes, il faut arracher à la main les jeunes brins qui paraissent attaqués, et les brûler pendant que les insectes se trouvent dans les racines, ce qui est toujours facile à vérifier (c'est ordinairement vers le mois de mai). Pour les hylobes et les hylésines, si on les

aperçoit à l'état parfait dans les jeunes pousses qu'ils ont
fait tomber au pied des arbres, on réunit ces pousses en
tas avec un râteau, et on y met le feu.

§ IV.

PROHIBITION DU PATURAGE ET DE L'ENLÈVEMENT DES FEUILLES.

Parmi les mesures les plus utiles à la végétation, nous
plaçons la prohibition du pâturage ; beaucoup de propriétaires sont encore trop tolérants à cet égard. Dans les jeunes
pinières, les bestiaux sont très-friands des pousses résineuses et ils les broutent avec avidité ; lorsque les pins sont
assez élevés pour être à l'abri de leurs attaques, ces animaux
dévorent les plants feuillus qui lèvent naturellement, et empêchent ainsi la formation d'un sous-étage qui serait si utile
pour l'amendement du sol, la bonne végétation du peuplement et la protection contre l'invasion des insectes. Il faut
donc absolument interdire le pâturage dans les bois résineux. Nous nous réservons toutefois de signaler un cas où
le pâturage, restreint à une certaine époque dans la vie des
peuplements, a procuré un très-bon résultat.

Nous insistons en même temps pour que les propriétaires
s'opposent à l'enlèvement des aiguilles dans les pinières.
L'amélioration du sol de la Sologne est à ce prix ; les pins
donnent un engrais abondant et gratuit à la terre qui les
nourrit eux-mêmes, et qui pourra ensuite se prêter à d'autres
cultures ; mais si on retire cet engrais au fur et à mesure
qu'il se produit, il est évident que l'on condamne le terrain
à une éternelle aridité.

§ V.

PRODUITS DE L'EXPLOITATION. — VALEUR DU FONDS.

C'est ordinairement à 25 ou 30 ans qu'on exploite les
peuplements de pins, mais ils peuvent prospérer beaucoup

plus longtemps. Dans les bois où l'on se propose de gemmer, dans ceux où l'on veut introduire des taillis sous les résineux, on conserve quelques pins disséminés qui atteignent de fort belles dimensions.

Dans le bois des Quatre-Vents, près de la route impériale d'Orléans à Toulouse, une châtaigneraie est dominée par des pins maritimes de 75 ans qui ne dépérissent pas encore ; mais c'est le pin sylvestre surtout qui gagne à dépasser le terme de 30 ans. Nous avons déjà cité les bois de M. Ferrerre, dans lesquels nous en avons vu qui ne sont âgés que de 60 ans et qui ont 1^m 20 centimètres de circonférence à 1^m 30 centimètres du sol et 30 mètres de hauteur ; à 45 ans, on assure qu'ils n'avaient pas 0^m 70 centimètres de circonférence.

Il est assez difficile d'indiquer la nature et la valeur des produits qu'on peut retirer des exploitations ; les prix changent suivant que les propriétés sont situées plus ou moins près des centres de consommation et des voies de transport. La nature des produits façonnés est aussi différente selon les localités. Dans les bois rapprochés du vignoble et des populations, les bourrées, les petits échalas se placent facilement, les souches elles-mêmes se vendent comme bois de chauffage. Dans les parties reculées, au contraire, ces bois auront peu de valeur, et le propriétaire devra transformer ces matières encombrantes en marchandises d'un transport plus facile ; c'est là qu'il sera avantageux de tirer du goudron des souches et de la résine des tiges, puis de carboniser les bois de petites dimensions. Rappelons seulement que le voisinage des fourneaux peut faire beaucoup de tort aux pinières, et qu'il faut en choisir l'emplacement avec beaucoup de soin. Les charbonniers de Sologne tirent au plus quatre sacs de charbon par corde de bois, ce qui équivaut à un rendement de 18 °/₀ en poids. Ne serait-ce pas le cas d'adopter le système par lequel un inventeur trop peu connu (1) obtient, suivant nos propres expériences, 24 °/₀ en faisant transporter les bois sur un plateau tournant qu'il faut établir à demeure, mais pour lequel on peut facilement trouver une place dans le voisinage des forêts ? La carbonisation se fait d'ailleurs à l'air libre.

Toutefois, s'il nous est impossible de donner des renseignements précis sur les produits forestiers de toute la Sologne, nous pouvons au moins poser quelques chiffres spéciaux à une partie de cette contrée, dans le but de comparer plus tard les produits des diverses cultures sur un même point.

Pour évaluer approximativement ce que rapporte une pinière, on peut admettre que les produits des éclaircies, jusqu'à l'âge de 16 ans, ne font que couvrir les frais d'exploitation.

Dans la Sologne orléanaise, les trois éclaircies, faites avec ménagement de 19 à 24 ans, donneront au moins chacune :

400 cotrets par hectare, à 20 fr. le cent, prix net.................................	80 f. » c.
Soit pour les trois......................	240 »
Et à 30 ans, on devra trouver sur pied 800 pins qui vaudront au moins 2 fr. l'un..	1,000 »
La pinière aura donc produit, en 30 ans..	1,840 f. » c.

Nos prix sont extrêmement modérés ; car les poteaux télégraphiques, que fournissent les pins de 30 ans, se payent 3 à 4 fr. pièce.

Les pinières qui ont aujourd'hui 30 ans en Sologne ont généralement donné plus de produits lors des éclaircies, et en donneront moins lors des coupes principales ; mais les éclaircies ont été trop fortes. Il est vrai que dans les grandes futaies domaniales de pin, en France comme en Allemagne,

____

(1) M. PICHARD aîné, breveté s. g. d. g., à Senonches (Eure-et-Loir).

le produit des éclaircies périodiques est égal à celui des
coupes principales ; mais nous ferons remarquer que ce sont
des futaies amenées jusqu'à 100 ou 120 ans, et qui n'offrent
plus même 200 pins par hectare au moment des exploitations. Il faut prendre en considération ces différences
d'exploitabilité.

Si on veut connaître la valeur actuelle d'un hectare ensemencé en pin et susceptible de donner ce produit tous
les 30 ans, on le trouvera par la formule suivante :

$$x = \frac{A}{\left(\frac{1+t}{100}\right)^n - 1.}$$

dans laquelle on remplacera A par le revenu périodique,
1840 ; t, le taux de l'intérêt, par 3 (taux de placement en
biens-fonds dans la localité); et n par 30, le nombre d'années
de la révolution : le calcul donne 1,289 fr. 10 c.

Remarquons, toutefois, que les pins ne se reproduisant
pas naturellement, on aura, tous les 30 ans, à payer les frais
de repeuplement montant à 38 fr. (semis de pins sylvestres
dans une vieille terre).

La même formule nous donne le capital qui représente le
paiement périodique de cette somme ; en y ajoutant la première somme déboursée de 38 fr., ce capital se trouve être
de 64 fr. 60 c.

La valeur nette du fonds est donc de :

1,289 fr. 10 c. — 64 fr. 60 c. = 1,224 fr. 50 c.

Si la pinière provenait de plantation, et était destinée à
être renouvelée par le même procédé, il faudrait rapprocher
de quatre ans le commencement de l'entrée en jouissance,
c'est-à-dire que le revenu serait touché tous les vingt-six ans;
on trouverait pour valeur brute le chiffre de.   1,590 f. 85 c.

Les frais de plantation montent à 41 fr.,
soit pour le capital qui les représente......   76   45
                                                 ____

        Reste pour valeur nette........   1,514 f. 40 c.

Il est bon de rappeler ici que les terres incultes se vendent en Sologne 200 à 400 fr. l'hectare.

§ VI.

UN EXEMPLE DE REPEUPLEMENT NATUREL.

Nous avons dit qu'il faut compter sur un repeuplement artificiel dans les pinières, et en effet c'est ordinairement le meilleur, le plus court et le plus économique des moyens pour renouveler son bois ; le meilleur, parce que la culture donnée au sol met les semis ou les plantations dans d'excellentes conditions de végétation ; le plus court, parce que l'on n'a pas besoin de se préoccuper si l'année de la coupe sera une année de semence, et que le sol, n'attendant pas que le semis naturel réussisse ou se complète, est toujours en plein rapport sans aucune perte de temps ; le plus économique, parce que le temps vaut de l'argent : le calcul que nous venons de faire pour déterminer la valeur d'une pinière suivant qu'elle provient de semis ou de plantation, nous a suffisamment indiqué à quel prix il peut monter.

MM. Lorentz et Parade qui, dans leur enseignement à l'école forestière, ont basé le traitement des forêts sur le repeuplement naturel, ont écrit eux-mêmes dans la dernière édition du *Cours de Culture* :

« Malgré les précautions prises pour régénérer le pin
« sylvestre par la voie naturelle, on est forcé de reconnaître
« qu'il est extrêmement rare de rencontrer des repeuple-
« ments complets et bien venants dans les forêts de cette
« essence. Aussi beaucoup de bons forestiers sont-ils d'avis
« de renoncer aux coupes d'ensemencement dans les pi-
« nières, de couper à blanc étoc et de recourir aux semis
« artificiels qui réussissent facilement et très-bien. A con-
« sidérer la généralité des faits, cette opinion est fondée. »

Et plus loin les mêmes auteurs ajoutent : « Ce que nous
« avons dit du pin sylvestre s'applique au pin maritime. »

Nous étions sous l'empire de ces idées, quand, au château
de Maisonfort, M. Delaage de Meux, après une tournée déjà
fort intéressante, nous annonça qu'il allait nous faire voir
des repeuplements naturels de pins ; à cette nouvelle (pourquoi ne pas l'avouer ?) nous nous attendions à trouver des
pins de tout âge, confusément superposés et souffrant réciproquement de cette confusion, quelque chose comme un
commencement de jardinage, que nous nous apprétions à
condamner sans pitié.

Mais quel ne fut pas notre étonnement quand nous nous
trouvâmes en face d'un repeuplement parfaitement complet
de pins sylvestres et maritimes bien venants, âgés de 8 ans
et d'une hauteur uniforme de 2^m 50 centimètres ! Un premier nettoiement avait déjà fait tomber les brins surabondants, et la réserve qui avait créé cette nouvelle pinière la
dominait encore ; elle se composait de 100 à 150 pins par
hectare, âgés de 32 ans et fortement élagués. Nous voulions
croire que ce n'était qu'un accident sur un point isolé, et
nous marchions en avant pour trouver une réponse, soit
dans des vides, soit dans des peuplements languissants ;
mais point ! Sur 150 hectares bien comptés, même peuplement complet, même végétation jusqu'à présent irréprochable, même uniformité. Il fallut bien s'incliner.....

Voici comment a été obtenue la régularité qui nous a tant
surpris. Depuis que la pinière avait atteint 12 ans, M. Delaage de Meux avait jugé que les moutons ne pouvaient plus
lui causer de dommage, et il leur en avait permis l'accès ;
puis quand ces pins eurent dépassé 22 ans, il s'aperçut
que de jeunes pins se présentaient sur tous les points en
grand nombre, et que ses moutons les dévoraient au fur et
à mesure. C'est alors qu'il eut l'idée de tenter un repeuplement naturel ; ses pins étaient déjà clairs, mais il fit une
plus forte éclaircie, une véritable coupe d'ensemencement,
et en fit éloigner les moutons. Alors les semis s'élancèrent

avec un ensemble merveilleux, et devinrent le peuplement que nous venons de décrire.

Le sol est sec et sablonneux sur une grande profondeur.

Si on pouvait espérer un succès aussi beau sur tous les sables de la Sologne, une pinière une fois créée serait éternelle, et on éviterait à chaque révolution les frais de reboisement. Seulement il serait bon d'enlever la réserve dès que le semis est complet et assuré, c'est-à-dire quand il est arrivé à sa troisième année. M. Delaage de Meux aura de la peine à enlever ses porte-graines sans préjudice pour le sous-bois. Une bonne précaution, pour ceux qui seront tentés de l'imiter, sera aussi de labourer le sol à la charrue forestière dans les coupes d'ensemencement. Le résultat que l'on attend sera plus assuré et la dépense assez modique. La culture à la charrue forestière peut être évaluée de 12 à 24 fr. par hectare, suivant l'état du sol.

CHAPITRE V.

L'entretien des bois feuillus consiste dans les nettoiements, la prohibition du pâturage et de l'enlèvement des feuilles, les balivages et les élagages. Les insectes ne leur causent pas généralement de dommages assez sérieux pour que nous croyions utile d'en parler.

§ Ier.

NETTOIEMENTS.

Il est rare que les propriétaires fassent des nettoiements dans leurs taillis; cependant, si ce genre d'opération est moins indispensable et doit surtout être moins répété dans les bois feuillus que dans les pinières, il y rend des services incontestables. Des essences parasites et sans valeur, telles que les trembles, les saules et autres morts-bois s'y jettent au bout de quelque temps; et lors de l'exploitation du taillis, ces bois, dont la végétation est extrêmement rapide dans les premières années, dominent les essences précieuses, et les arrêtent ou les étouffent. De plus, chaque souche de chêne, charme, etc., partage sa sève entre un grand nombre de rejets, et il serait avantageux pour la qualité et le volume des produits d'avoir moins de tiges et plus de grosseur.

Ce sera donc une bonne opération, surtout dans les taillis que l'on ne voudra exploiter qu'à 20 ans, de faire enlever vers 8 ou 9 ans les morts-bois qui ne sont pas indispensables pour former le massif, et de supprimer sur les souches d'essences principales les brins traînants, dépérissants ou dominés.

Si la révolution était plus courte, le nettoiement serait inutile; si le sol avait tendance à se dessécher, cette opération deviendrait même dangereuse; il serait préférable, dans ce cas, d'écimer simplement les morts-bois qui géneraient la végétation des essences précieuses.

§ II.

PROHIBITION DU PATURAGE ET DE L'ENLÈVEMENT DES FEUILLES.

Tant que les taillis sont jeunes et à portée de la dent des bestiaux, le pâturage leur est extrêmement préjudiciable. Les jeunes pousses sont broutées au fur et à mesure qu'elles paraissent, et la végétation est arrêtée; beaucoup de taillis ont été complètement ruinés par le pâturage. Ce n'est que lorsque tous les rejets ont la tête assez élevée pour ne plus être exposée à la voracité des animaux, c'est-à-dire à dix ans environ, qu'on peut tolérer l'entrée des chevaux et des vaches dans les taillis.

L'enlèvement des feuilles doit toujours être prohibé : le sol des taillis est ordinairement moins maigre que celui des pinières; mais les feuillus demandent aussi à la terre plus de nourriture que les résineux. Ce serait une bonne opération que d'enfouir ces feuilles à l'aide d'un léger labour à la charrue forestière après chaque coupe. On en tirerait ainsi le parti le plus utile, et on en rendrait l'enlèvement impossible.

§ III.

BALIVAGES.

Pour retirer des taillis des bois de service ou d'industrie, il est indispensable de réserver à chaque exploitation un certain nombre de baliveaux qui restent sur pied jusqu'à ce qu'ils aient atteint les dimensions nécessaires à l'usage auquel on les destine, à moins que la médiocrité du sol ne force à les abattre plus tôt. Ces réserves, par les semences qu'elles fourniront, assureront la régénération du taillis concurremment avec les repeuplements artificiels sur lesquels il faudra surtout compter pour regarnir les vides.

Quand ces réserves sont trop nombreuses, elles nuisent à la végétation du taillis; les baliveaux doivent donc être choisis avec mesure. Dans les terrains gélifs, une forte réserve est avantageuse pour empêcher le rayonnement d'abaisser trop subitement la température. Dans les terres sablonneuses, on pourra prendre un grand nombre de baliveaux de l'âge: leur ombrage ne portera pas préjudice au sous-bois, et il diminuera l'évaporation d'un sol toujours trop sec; mais on ne devra pas les faire passer à l'état de modernes ou d'anciens parce que leur couvert deviendrait nuisible; l'aridité du sol ne leur permettrait pas, d'ailleurs, d'acquérir de fortes dimensions. Dans les terres argileuses, au contraire, où la végétation des taillis de chêne est naturellement active, on prendra moins de baliveaux de l'âge; mais il y aura avantage à les conduire à un âge assez avancé pour en tirer du bois de charpente. Les particuliers ne doivent plus craindre de faire parcourir une longue révolution à quelques arbres. En effet, les chênes de grandes dimensions deviennent rares en France, et ils le deviendront vraisemblablement de plus en plus; leur prix ira donc toujours croissant. D'un autre côté, le taux des placements baisse constamment par suite de l'abondance des capitaux. Il résulte de cette double considération que les propriétaires ont de plus en plus d'intérêt à augmenter la valeur du capital engagé dans leurs bois, c'est-à-dire à conserver le plus longtemps possible des chênes de fortes dimensions dans les sols convenables.

§ IV.

ÉLAGAGES.

Les réserves étant destinées à produire des bois de construction, il faut s'appliquer à leur donner des tiges saines, droites, grosses et sans nœuds. C'est par un élagage méthodique et raisonné qu'on y arrivera.

Nous avons démontré l'utilité générale des élagages en traitant des pinières; cette utilité est plus évidente encore pour les arbres feuillus, car leurs branches latérales prennent beaucoup plus souvent un accroissement exagéré, et beaucoup plus souvent aussi leurs tiges se bifurquent. Les effets de cette opération sont de deux sortes :

1° Pour les sujets élagués :

L'élagage facilite leur accroissement en reportant à la cime toute la sève absorbée par les branches basses; il forme des tiges plus cylindriques en régularisant l'action de la végétation ; enfin, il provoque la fructification en troublant momentanément la circulation de la sève.

2° Pour le sous-bois :

Il les dégage d'un couvert préjudiciable, et ne leur laisse qu'un ombrage très-favorable à la végétation.

L'expérience a prouvé que la hauteur sur laquelle on doit élaguer les arbres feuillus varie de la moitié aux deux tiers ; mais on devra aussi faire porter l'élagage sur les ramifications suivantes, quelle que soit leur position sur la tige :

1° Sur celles qui, plus favorisées que leurs voisines, prennent un accroissement disproportionné. Attendre pour les couper que l'élongation de la tige ait fait passer ces branches dans les deux premiers tiers de la hauteur serait exposer la tige à être déformée trop longtemps, et à souffrir ensuite de l'amputation d'une branche relativement trop grosse.

2° Sur les branches qui naissent plusieurs au même point

ou autour de la tige en formant une espèce de verticille. Un
verticille de ce genre empêcherait la tige de s'allonger puis-
qu'il absorberait la sève sur presque tout son passage. On
aura soin de ne pas couper toutes ces branches à la fois, car
on aurait une plaie trop étendue par laquelle la sève s'écou-
lerait ; on laissera un espace égal entre celles que l'on con-
servera.

3° Sur le rameau situé à côté du rameau terminal de
la tige et lorsqu'il devient aussi vigoureux que lui. C'est
la présence de deux cimes rivales qui amène la bifurcation
des tiges.

4° Sur certaines branches dont la suppression suffira
quelquefois pour redresser un arbre incliné par le vent
ou par toute autre cause.

Il est inutile d'ajouter que les bois morts doivent aussi
être enlevés, quelle que soit leur position.

Reste maintenant à expliquer comment doit se faire
l'amputation : sera-ce rez-tronc, ou en laissant un chicot de
quelques décimètres, ou en ne supprimant les branches que
par des réductions successives ?

M. Du Breuil nous paraît enseigner avec raison que :
« On ne doit supprimer entièrement une branche qu'au-
« tant que ses couches ligneuses centrales ne sont pas
« encore passées à l'état de bois parfait (1). » Si, en effet,
le bois parfait de la branche se trouvait en communication
avec celui du tronc, il deviendrait très-difficile d'empêcher
cette partie, que l'amputation aurait mise à nu, de se décar-
boniser sous l'influence de l'air, de se carier ensuite, de
communiquer cette altération au centre du tronc, et de lui
enlever ainsi tout son prix.

D'un autre côté, les chicots ont des inconvénients bien
connus, ils ne se durcissent pas dans les bois feuillus

(1) *Cours d'Arboriculture*, par M. Du Breuil (1re partie).

comme dans les bois résineux ; mais ils pourrissent quand ils sont déjà engagés en partie dans le corps de l'arbre, et ils y laissent des trous dans lesquels l'air et l'eau ont le temps de pénétrer avant que la sève n'ait réussi à les fermer par les bourrelets formés sur leurs bords. De là, la carie et la pourriture qui ôtent toute valeur aux arbres de la plus belle apparence, et qui ont amené tant de plaintes contre les élagages.

Toutes les fois que les branches seront assez faibles pour n'avoir pas encore commencé à former leur bois parfait, il faudra donc les élaguer rez-tronc. C'est ce qui se fera toujours sur les baliveaux de l'âge, et ce qu'il y aura toujours lieu de faire sur des arbres bien entretenus. Mais sur les modernes et les anciens qui ont été abandonnés à eux-mêmes jusqu'à présent, il n'en est pas ainsi ; on trouvera des branches trop fortes pour pouvoir être amputées rez-tronc. On n'en retranchera qu'une partie en coupant immédiatement au-dessus d'une ramification, assez forte pour attirer la sève et faire vivre ce reste de branche, mais assez faible aussi pour l'empêcher de grossir dans la même proportion que la tige ; à l'exploitation suivante, on pourra alors la couper rez-tronc.

Pour diminuer l'étendue des plaies, on fera la section, non pas tout-à-fait verticale, mais dans un plan presque perpendiculaire à l'axe de la branche, de manière à permettre en même temps l'écoulement des eaux. La coupe ne sera donc absolument rez-tronc que par le bord supérieur ; la partie inférieure formera un talon d'une épaisseur variable. De la sorte, la plaie sera moins grande, et la sève descendante aura toute facilité pour la recouvrir promptement avec les bourrelets qu'elle forme ordinairement sur les côtés. La plaie devra, de plus, être rendue aussi nette que possible pour ne pas retenir l'humidité par ses aspérités.

La sève des arbres feuillus n'est pas, comme celle des résineux, de nature à cicatriser les plaies ; il sera donc utile, sur les arbres auxquels on attache une importance particulière, de les enduire d'un onguent ou d'un mastic à greffer quelconque (1).

§ V.

PRODUITS DE L'EXPLOITATION. — VALEUR DU FONDS.

Les mêmes motifs que pour les résineux nous dispensent d'indiquer la nature et la valeur particulière des diverses marchandises que l'on peut retirer des taillis, en-dehors de la Sologne orléanaise.

Un produit spécial aux peuplements de chêne et qui a souvent une grande valeur, c'est l'écorce ; mais nous ne pouvons engager les propriétaires de Sologne à en profiter. L'écorçage nécessite l'exploitation en temps de sève, et l'on perd ainsi, outre la feuille de l'année, une partie de la vitalité des souches, qui sont un an de plus sans recevoir la nourriture que leur envoyaient ordinairement les feuilles par la sève descendante. Dans les sols maigres, qui sont les plus communs en Sologne, les souches s'épuisent vite, et il faut se garder de seconder cette disposition naturelle. Ce n'est que dans les taillis destinés à être arrachés qu'on pourrait autoriser l'écorçage ; mais ces taillis étant ordinairement languissants, l'opération sera plus difficile et l'écorce aura moins de valeur.

D'après les renseignements que nous avons pris dans les domaines de la Sologne orléanaise, on peut estimer que, dans des conditions moyennes de fertilité, un taillis de bouleau exploité à huit ans, rapportera 170 fr. par hectare ;

(1) M. le vicomte DE COURVAL (*Taille et conduite des arbres forestiers*, Paris, 1861) et M. le comte DES CARS (*Élagage des arbres*, Paris, 1865), recommandent le coaltar (goudron de houille) comme donnant les meilleurs résultats. Son prix est excessivement minime, et on ferait bien d'en adopter l'usage dans tous les élagages de réserves feuillues.

un taillis de chêne à quinze ans, 350 fr. l'hectare ; un taillis de chêne à vingt ans, 600 fr. l'hectare.

Veut-on connaître, en tenant compte des intérêts composés, la valeur actuelle des fonds susceptibles de donner ces divers revenus dans 8, 15 ou 20 ans ? La formule qui nous a déjà servi pour les pinières, nous les donnera ; voici les résultats du calcul :

Pour le taillis de bouleau exploitable à huit ans.................................... 637 f. 25 c.

Pour le taillis de chêne exploitable à quinze ans.................................... 627   27

Pour le taillis de chêne exploitable à vingt ans.................................... 744   30

La comparaison de ces chiffres met en évidence l'avantage d'une exploitabilité reculée dans les taillis de chêne.

Nous avons supposé que les taillis de chêne provenaient de semis ; s'ils provenaient de plantation, ils auraient une avance de quatre ans, et la valeur du fonds, pour les taillis dont l'exploitabilité est fixée à vingt ans , deviendrait 834 fr. 14 c.

Il convient pour plus d'exactitude de défalquer de ces chiffres le montant des frais de création, savoir : 42 fr. pour les taillis provenant de semis, et 120 fr. pour ceux provenant de plantation.

La valeur des taillis de chêne exploités à vingt ans, devient alors, dans le cas de création par semis : 744 — 42 = 702 f. dans le cas de plantation : 834 — 120 = ... 714

L'hectare en bouleau est réduit lui-même à : 637 — 120 = ... 517

CHAPITRE VI.

Des bois d'essences mélangées.

§ Ier.

AVANTAGES DU MÉLANGE.

Nous avons considéré jusqu'à présent les bois comme composés d'une seule essence ; mais, fort heureusement pour la végétation, ce cas n'est pas le plus général.

Tous les taillis de création moderne sont venus sous le couvert des résineux ; aussi trouve-t-on dans la plupart d'entre eux d'anciens pins aujourd'hui très-gros et encore très-sains, de même que dans beaucoup de pinières on remarque un sous-étage de bois feuillus plein d'avenir. Les feuilles du taillis donnent au sol de l'ombrage, de la fraîcheur et du liant ; les réserves résineuses ont généralement assez de hauteur et une tête assez petite pour ne pas gêner le sous-bois. Ces réserves acquerront ainsi les plus fortes dimensions et les meilleures qualités sans diminuer les produits périodiques du taillis. Aussi recommandons-nous instamment d'entretenir ces mélanges. Dans les clairières des taillis, apportez des touffes résineuses ; leur végétation rapide leur permettra de rattraper les rejets voisins, ce que ne pourraient faire ni des plantations de chêne ni des semis d'aucune essence. Remarquez-vous des vides dans des pinières, des parcelles qu'un accident a fait exploiter prématurément? Plantez-y des bouquets de bois feuillus. Le couvert léger des pins les plus rapprochés ne leur nuira pas comme à d'autres pins, et ils réussiront parfaitement.

Les diverses essences feuillues gagnent même à être mélangées entre elles ; les racines pivotantes des unes s'enchevêtrent avec les racines traçantes des autres, et tout le terrain est mis à contribution. De plus, certaines espèces, le chêne pédonculé par exemple, ne donnent presque pas de couvert, et laisseraient les plantes nuisibles envahir le sol ; tandis qu'un mélange de charme dans les terrains qui lui conviennent, d'ormes et d'érables dans les autres, fournirait un couvert épais et un engrais abondant.

Nous regrettons de n'avoir presque jamais vu d'autre essence feuillue dans les taillis de chêne que le bouleau, c'est un mélange que nous ne pouvons approuver. Le bouleau n'a pas un feuillage plus épais que le chêne, et il a le grave inconvénient de ne pas se prêter à son exploitabilité. Si vous adoptez pour le taillis l'exploitabilité du chêne, 20 ans, le bouleau aura perdu à cet âge la faculté de produire des rejets. Si vous abaissez la révolution du chêne à celle du bouleau, vous ne tirez pas du sol tout le revenu qu'il est susceptible de rapporter.

§ II.

PRODUITS DE L'EXPLOITATION. — VALEUR DU FONDS.

Pour nous rendre compte de la valeur d'un bois mélangé d'essences feuillues et résineuses, cherchons ce que peut valoir l'hectare du terrain planté en pins sylvestres et en bouleaux le long de l'allée des Quatre-Vents, dont nous avons parlé dans notre chapitre III, § 4, *in finem.* Nous chercherons la valeur du fonds à l'aide de celle de la superficie au moment de l'exploitabilité, mais nous n'y ajouterons pas cette valeur superficielle.

D'après les renseignements que nous devons à l'obligeance du propriétaire, les bouleaux exploités en taillis tous les sept ans rapportent en moyenne 75 fr. par hectare et par coupe.

Des 1,000 pins plantés sur la même étendue, on peut compter qu'à 28 ans, il en restera 800 qui vaudront alors 2,400 fr., à 3 fr. l'un en moyenne. (Nous supposons les 200 autres compris, ainsi que les élagages, dans les produits des coupes de taillis.)

$$\text{La formule } x = \frac{A}{\left(\frac{1+t}{100}\right)^{n} - 1}.$$

dans laquelle nous remplaçons A par 2,400, t par 3, et n par 28, nous donnera la valeur du capital susceptible de donner tous les vingt-huit ans le produit des pins.

Le résultat du calcul est.......... 1,863 f.
Pour avoir la valeur actuelle du produit du bouleau, remplaçons dans la même formule A par 75, et n par 7, et nous trouvons.................... 326

Total..... 2,189 f.   2,189 f.

Il faut défalquer de ce chiffre le montant des frais de création dépensés par le propriétaire et montant à..... 127 f.

Si ces frais doivent se renouveler tous les vingt-huit ans, la formule précédente nous donne la valeur du capital actuel qui représente cette dépense... 99

       226 f.

Reste..... 1,963 f.

Telle est la valeur que le propriétaire a donnée à son fonds en l'affectant à cette production de pin et de bouleau.

Ce chiffre est beaucoup plus élevé que ceux que nous avons trouvés jusqu'à présent ; la différence s'explique par l'influence du sous-bois feuillu sur la croissance des pins, et aussi (il est important de le constater) par la régularité dans l'espacement, conséquence du mode de boisement par plantation.

Nous avons calculé que tous les vingt huit ans, le peuplement serait renouvelé artificiellement, c'est en effet la marche à suivre la plus avantageuse dans les pinières ; et comme ici le sous-bois consiste en bouleau, essence secondaire, dont les souches ordinairement faciles à arracher s'épuisent vers la quatrième ou la cinquième révolution, les bois feuillus devront suivre le sort des pins. Toutefois nous indiquerons au chapitre VIII les avantages d'une culture temporaire intercalée entre les deux pinières.

§ III.

GEMMAGE.

Les pins, dont la tête est en pleine lumière et dont le pied s'enfonce dans un sol frais et amendé par un sous-bois feuillu, se trouvent dans les meilleures conditions de végétation ; c'est avec eux que l'opération du gemmage sera le plus lucrative.

Le gemmage ou résinage n'est pas encore bien répandu en Sologne ; mais comme il doit donner un surcroît de valeur considérable aux pins maritimes, nous ne doutons pas qu'il ne se propage de plus en plus ; les premiers essais qui datent de 1847 n'ont pas été heureux, mais aujourd'hui les propriétaires en tirent un profit trois fois plus grand, et nous croyons que ce profit devra lui-même être doublé un jour.

L'extraction de la résine ralentit la croissance et abrége la vie de l'arbre ; mais il est admis à présent par tout le monde que la qualité du bois y gagne sensiblement. Dans les Landes, où le gemmage est le plus avancé, on paie deux fois plus cher les bois gemmés que ceux qui ne le sont pas.

On ne doit commencer le gemmage sur les pins que lorsqu'ils ont atteint près d'un mètre de tour ; comme ils ont dû être éclaircis plus fortement que les autres, ils atteignent ordinairement cette dimension de 25 à 30 ans. On peut alors avoir 500 pins par hectare ; ces 500 pins pourraient être gemmés sur huit quarres, pendant cinq ans sur chaque quarre, soit en tout quarante ans. D'après ce qui se passe dans le domaine de Maisonfort, 500 pins fournissent annuellement quatre barriques de résine qui valent en moyenne 30 fr. l'une, soit en tout 120 fr. Si les pins sont très-espacés comme ils le sont généralement au-dessus des taillis, et qu'ils ne soient qu'au nombre de 250 en moyenne, le gemmage rapporterait encore 60 fr. par hectare. Dans les Landes, où les ouvriers résineux sont très-nombreux, le propriétaire garde pour lui les deux tiers du produit et abandonne un tiers au résinier. Dans le Loiret, où cette industrie n'est pour ainsi dire pas encore acclimatée, et où l'on est forcé de faire venir des ouvriers étrangers, la proportion est renversée, le propriétaire ne perçoit qu'un tiers des produits, soit 20 fr. par hectare.

Nous nous abstiendrons de reproduire ici les procédés de gemmage que donnent les ouvrages spéciaux, et notamment le *Traité de Culture du Pin maritime* de M. Eloi Samanos. Il faut d'ailleurs pour cette opération des ouvriers parfaitement exercés, et les propriétaires, au lieu de les former, ont tout avantage à en faire venir directement des Landes.

Supposons, pour éviter toute exagération, que les pins ne soient gemmés que de 30 à 60 ans, et calculons, pour donner une idée de l'importance pécuniaire du gemmage, quelle est la valeur actuelle du capital susceptible de produire, en tenant compte des intérêts composés, un revenu annuel et continu de 20 fr., que l'on commencera à toucher dans trente ans d'ici.

Comme à chaque révolution les 250 pins gemmés pourront être remplacés par 250 autres, nous admettons que le revenu supplémentaire qui commence à être touché dans trente ans le sera indéfiniment.

La formule suivante :

$$x = \frac{100\,A}{t} \times \left(\frac{100}{100 + t} \right)^{n-1}$$

dans laquelle nous remplaçons A par 20, t par 3 et n par 30, nous donne le chiffre de . . . . 282 f. 90 c. pour représenter la valeur cherchée. Ajoutons-y l'une des valeurs trouvées pour le taillis de chêne, ci . . . . 714 »

Et nous aurons pour valeur totale du fonds. . . . . 996 f. 90 c.

Si, au contraire, nous ajoutons cette même valeur de . . . . 282 90 à la valeur du fonds de la pinière 1,224 50

ce fonds acquiert une valeur totale de. . . 1,507 f. 40 c.

Nous supposons que les 250 pins, conservés à l'âge de 30 ans, ont crû jusqu'à 60 ans comme les intérêts de leur valeur.

Notre calcul s'applique aux bois à créer ; mais remarquons que beaucoup de pins en Sologne sont en état d'être gemmés dès à présent, et le revenu supplémentaire de 20 fr. pourrait être touché immédiatement ; il représenterait dans ce cas un capital de 666 fr. à ajouter à la valeur actuelle du fonds.

CHAPITRE VII.

Des Châtaigneraies.

———◦◦◦———

§ Ier.

DES SOINS PARTICULIERS QU'ELLES EXIGENT.

La culture du châtaignier nous paraît avoir tant d'intérêt en Sologne que nous croyons devoir y consacrer un chapitre spécial.

On sait que le châtaignier donne des cercles de futaille et des paisseaux qui se vendent toujours fort cher dans le voisinage des vignobles ; cependant, les châtaigneraies sont rares dans cette contrée, beaucoup d'essais ont été tentés, mais tous n'ont pas réussi.

Le châtaignier est très-exigeant sur la profondeur, la division et la netteté du terrain ; de plus, il est très-sensible à la gelée ; de là, deux difficultés sérieuses pour sa culture.

Il faudra chercher un sol bien approprié, meuble et profond plutôt que frais et substantiel ; les sols secs sont toujours moins exposés aux gelées que les sols frais, toutes choses égales d'ailleurs. Ce sera donc une terre précédemment cultivée, et de nature sablonneuse comme chez

M. de Montaudouin, ou de nature sablo-argileuse, mais parfaitement divisée par de nombreux petits cailloux, comme chez M. Lemaigre.

Pour éviter les dégâts des gelées qui se font ordinairement sentir de 0^m 25 centimètres à 1^m 75 centimètres au-dessus du sol, il faut provoquer une végétation aussi rapide que possible dès les premières années ; il est, dès lors, évident qu'il ne faut pas semer, mais planter avec d'excellents sujets préalablement élevés en pépinière. Il ne faut pas espérer voir les tiges dépasser la région des gelées dès la première année après la plantation ; mais ce phénomène se produira déjà l'année qui suivra la première coupe ou le premier recépage au bout de 3 ou 4 ans. Les plants de M. Lemaigre ont atteint une hauteur de 2 mètres dans l'année qui a suivi la première coupe à huit ans.

Si trois ou quatre ans après la plantation, les châtaigniers avaient été atteints par les gelées, on les recéperait sans s'inquiéter de leur valeur (les produits suffiraient, en tout cas, à couvrir les frais), et ils entreraient de suite dans la période où la végétation est assez active pour n'avoir à souffrir des gelées que par exception.

Voici le procédé suivi dans l'Alsace, où cette culture est très-répandue et très-lucrative. On place les plants de trois ans à 1^m 66 centimètres l'un de l'autre, on les recèpe cinq ans après, et on les exploite régulièrement ensuite tous les quinze ans. A moitié de la révolution, c'est-à-dire à sept ans, on leur fait subir un nettoiement, consistant dans l'enlèvement des brins traînants sur les souches, et des branches surabondantes sur les tiges. Dans le Loiret, où les vignes sont moitié moins hautes que dans les départements du Rhin, une révolution de six à huit ans suffit, le nettoiement dès lors est inutile et les plants peuvent être un peu plus rapprochés. Nous conseillons de les espacer à 1^m 50 centimètres l'un de l'autre, et d'ouvrir pour chacun un trou mesurant trente centimètres sur chacune de ses trois dimensions. Une plantation de châtaigniers coûtera toujours plus cher qu'une autre, parce qu'il est indispensable d'y apporter des soins minutieux. L'ouverture de chaque trou coûtera un centime, et la plantation du mille de plants reviendra à six francs; ce sont les prix payés par M. Ferrerre.

Il est utile d'entretenir la plantation par des binages donnés deux années successives ; mais on pourra éviter cette opération coûteuse en semant des pins maritimes entre les plants ; ces pins complèteront le massif et entretiendront la netteté du sol ; on aura soin de les éclaircir assez fortement pour que leur couvert ne porte pas préjudice à la châtaigneraie, et dans ce cas leur abri procurera un nouveau bienfait, il empêchera les gelées en mettant obstacle au rayonnement.

Souvent on trouvera des peuplements de pin maritime assez clairs pour pouvoir y introduire directement le châtaignier en sous-étage ; ou mieux encore, si les massifs résineux étaient assez serrés, on les diviserait en bandes alternes larges de 20 mètres, et dirigées du nord-est au sud-ouest ; les unes, après défrichement, seraient plantées en châtaignier, et exploitées à courtes périodes, et les autres seraient conservées en pin le plus longtemps possible (1).

§ II.

CALCUL DE LA VALEUR D'UNE CHATAIGNERAIE.

D'après les renseignements que M. de Montaudouin a bien voulu nous adresser, la châtaigneraie des Quatre-Vents

---

(1) C'est ici le cas de reconnaître au bouleau associé au châtaignier les avantages que nous lui refusons dans toute autre circonstance. Ils se prêteraient tous deux à la même exploitabilité, aux mêmes usages, et le feuillage de l'un serait assez hâtif et assez résistant pour protéger l'autre contre la gelée. Nous adoptons complètement à ce sujet l'avis exprimé par M. Baguenault de Viéville, membre du Comité central, dans son rapport sur le Concours. (Note postérieure à la rédaction du Mémoire).

rapporte 40 fr. par feuille et par hectare, 240 fr. tous les six ans.

Ce revenu équivaut à un capital de...... 1,236 f. 75 c.

(Calcul analogue à ceux que nous avons faits précédemment).

Il faut déduire les frais de création :

16 fr. pour la main-d'œuvre, par 1,000 plants ; soit, par hectare, pour 4,350 plants........ 69 f. 60 c.

Les 4,350 plants élevés en pépinière reviendront à 1 f. le mille   4   35

Ajoutons-y la valeur du semis de pin maritime.............. 28   35

$$\left.\begin{matrix} \\ \\ \\ \\ \end{matrix}\right\} \quad 102 \quad 30$$

Reste................ 1,134 f. 45 c.

On remarquera que nous négligeons dans ce calcul la valeur des pins, pour mieux faire ressortir celle de la châtaigneraie proprement dite.

CHAPITRE VIII.

Comparaison et alternance des cultures.

§ Ier.

COMPARAISON AU POINT DE VUE PÉCUNIAIRE.

Dans la plus heureuse partie de la Sologne, celle du Loiret, le fermage des terres cultivées est en moyenne de 20 fr. par an ; il monte à 25 fr. dans les meilleures ; les capitaux qui représentent ces revenus sont 666 et 833 fr., en calculant d'après le taux de 3 pour cent. D'un autre côté, les bruyères se vendent de 200 à 400 fr. l'hectare, soit en moyenne 300 fr. ; nous pouvons donc, pour comparer les diverses cultures au point de vue financier, rapprocher ces chiffres de ceux que nous avons déjà trouvés pour exprimer la valeur de l'hectare destiné à produire du bois.

On se rappelle que l'estimation des terrains boisés est faite en les supposant créés ou exploités depuis la veille, c'est-à-dire dans l'hypothèse que la première coupe n'aura lieu qu'à l'expiration de la révolution.

Bruyères			300 f.
Bouleaux aménagés à 8 ans			547
Agriculture à	20 fr. de fermage		666
	25 fr. de fermage		833
Taillis de chêne aménagé à 30 ans. —		Semis	702
		Plantations	711
Châtaignier			1,131
Pinière exploitable à 30 ans. —		Semis	1,221
(Sans tenir compte du gemmage.)		Plantations	1,514

Ainsi, l'avantage est à la culture des bois, et parmi les bois au pin et au châtaignier. Dans les terres d'une valeur moyenne, on pourra considérer comme équivalentes en produit la culture des céréales et celle du chêne. Le bouleau conserve, au point de vue du revenu, la place à laquelle nous l'avons déjà relégué relativement à l'amélioration des terres.

Que conclure de là ? Faut-il se hâter de mettre toute la Sologne en pinières et en châtaigneraies ? Gardons-nous en bien. Une contrée aussi étendue a des besoins variés, et il est nécessaire d'en tirer des produits de diverses natures. En outre, le châtaignier, dont nous voulons encourager la multiplication, ne vient que dans des terres bien choisies ; quant aux pins, qui à notre avis doivent régénérer la Sologne, on en trouvera toujours une ou deux espèces pour boiser un terrain quelconque ; mais leur culture présente des inconvénients assez nombreux pour nous empêcher de craindre qu'elle ne devienne exclusive. D'abord, tout en rapportant plus que les autres, elle rapporte plus tard, puisque ce n'est qu'au bout de trente ans qu'elle donne les produits les plus rémunérateurs ; et les propriétaires ne peuvent pas engager *tous* leurs capitaux pour une aussi longue période. Ensuite l'entretien des pinières demande beaucoup de travail, de soin, de surveillance. Les éclaircies et les élagages ne se font pas comme une récolte de froment, ni comme une exploitation de taillis ; il faut des ouvriers exercés et consciencieux sous la direction d'un homme intelligent ; et il en faut beaucoup, puisque ces travaux d'amélioration se répètent tous les trois ans, et même dans certains domaines tous les deux ans. Si la recherche des ouvriers est difficile, le placement des produits de ces dépressages ne l'est pas moins ; ils ont peu de valeur dans les premières années, et ne peuvent guère être vendus qu'après façonnage. De là des préoccupations constantes pour le propriétaire.

§ II.

COMPARAISON AU POINT DE VUE CULTURAL. — SUCCESSION DES BOIS AUX TERRES.

La considération du revenu n'est donc pas suffisante pour déterminer la nature des produits à cultiver ; dès lors, il est utile de chercher la meilleure destination de chaque terre au point de vue cultural.

Autrefois les fermiers prenaient pour les céréales les terres sablonneuses, et mettaient les terres argileuses en bois. Ce choix ne pouvait être dicté que par la facilité avec laquelle se cultivent les terres légères ; mais nous avons déjà dit, au chapitre II, que ces terres ne retenant ni l'eau ni les engrais, ne pouvaient convenir à l'agriculture ; ce sont donc celles-ci que l'on devra boiser et le plus rapidement possible. Il en sera de même de toutes les vieilles terres épuisées, quelle que soit leur nature.

Par contre, fera-t-on bien de rendre à l'agriculture les sols argileux qui sont en ce moment couverts de bois ? Il serait absurde de défricher un bois en plein rapport, une pinière avant son exploitabilité, un taillis de chêne avant que le dépérissement des souches n'eût amené des clairières et des vides avec un commencement de diminution dans les produits. Mais les bois ne sont pas éternels : les pins, après chaque révolution, doivent être régénérés artificiellement (nous ne pouvons pas encore admettre, comme une loi générale, le repeuplement naturel qui a si bien réussi à Maisonfort). Quant aux taillis, ils se reproduisent après chaque coupe convenablement exploitée ; cependant la croissance et la vie des souches suivent les mêmes phases que celles des arbres : à la première révolution, elles sont petites et ne donnent qu'un faible produit ; puis elles s'étendent et forment des racines plus puissantes, elles donnent alors plus de rejets et plus de grosseur à chacun ; vient une époque où elles atteignent leur maximum de production ; ensuite elles entrent dans une période de décroissance, et enfin commence le dépérissement. Les chênes ont une longue vitalité ; mais les taillis de bouleau, surtout dans les sols maigres de la Sologne, sont épuisés au bout de quatre à cinq révolutions au plus. Dans les anciens bois où l'on trouve des souches de tout âge, on entretient les taillis par des repeuplements partiels ; mais dans les bois de nouvelle création, comme un grand nombre de ceux de la Sologne, les souches de même âge et de même essence dépériront ensemble. Un jour viendra donc où il faudra, soit renouveler complètement le bois, soit le remplacer par une autre culture.

§ III.

SUCCESSION DES TERRES AUX BOIS.

C'est à ce moment, selon nous, qu'il sera avantageux de livrer le sol aux cultivateurs. Les couches profondes auront sans doute été appauvries par la succion des racines ; mais les feuilles auront enrichi la surface d'une épaisse couche d'humus, formée d'éléments azotés et carbonés. Les feuilles vertes contiennent 0,0147 de leur poids en azote, tandis que le fumier n'en contient que 0,0040. On se fera une idée de la valeur de cet engrais, en réfléchissant que les

cultivateurs, qui achètent de l'azote dans le guano, le
payaient sans hésiter de 3 à 4 fr. le kilo, il y a quelques
années, et le paient encore 2 fr. 50 c. depuis la suppression
des droits. Quant à sa quantité, des expériences ont prouvé
à M. d'Arbois de Jubainville qu'un massif de chêne produit annuellement de 4,300 à 5,000 kilogrammes de feuilles
vertes par hectare, suivant que l'espèce est le pédonculé ou
le rouvre, soit en moyenne, dans un peuplement mélangé
des deux espèces, 4,650 kilogrammes (1). Ces 4,650 kilogrammes contiennent 54 kilogrammes 405 grammes d'azote;
c'est la quantité suffisante pour 1,800 kilogrammes de froment, plus sa paille.

Ces détritus annuels s'accumulent et se conservent
d'autant mieux sous le couvert du massif, que le sol, étant
privé de calcaire, empêche toute décomposition; aussi
comprend-on que M. Berthier ait pu constater la présence de
120,000 kilogrammes de matières organiques sur un hectare de bois nouvellement défriché. En supposant qu'on
pût utiliser cet engrais en entier, il y avait là de quoi cultiver le froment pendant plus de quarante ans, sans inter-
ruption.

Le sol forestier, quoique couvert d'un engrais abondant,
a cependant deux grands défauts qui s'opposent à sa mise
en culture sans une préparation spéciale.

Le terreau provenant des détritus est acide (on le reconnaît aisément à l'aide d'un papier de tourne-sol enterré
dans la couche superficielle). L'acide tannique domine
surtout à la surface, l'acide acétique est plus abondant à
quelque profondeur, et tous les deux empêchent la décomposition des principes azotés et carbonés; dès lors l'humus

(1) *Manuel du défrichement des Forêts*, par M. d'Arbois de
Jubainville, 1863.

Les Allemands, Hartig et Bartels, expérimentant sur des forêts
de hêtre, avaient trouvé presque le triple.

n'est ni soluble ni assimilable, il ne peut servir à nourrir des récoltes.

En second lieu, les végétaux qui sont l'objet de l'agriculture ont généralement besoin de calcaire et d'acide phosphorique sous forme de carbonates et de phosphates de chaux ; et dans les sols, comme ceux de la Sologne, où il ne s'en trouve pas à une profondeur accessible aux racines des arbres, la végétation forestière ne peut apporter ces éléments à la couche supérieure.

Nous allons indiquer deux moyens pour corriger ce double défaut, en distinguant le cas où l'on se proposera de ne cultiver le sol que temporairement, c'est-à-dire jusqu'à épuisement de l'engrais naturel, et celui où on voudra prolonger la culture.

1° *Culture temporaire.*

Le phosphate de chaux réussit parfaitement à détruire l'acidité de l'humus, et il fournit en même temps au sol l'acide phosphorique indispensable pour la formation des graines. L'expérience a appris qu'il faut employer 600 à 700 kilogrammes de phosphate minéral par hectare et par an, c'est une dépense d'environ 40 fr. On pourrait remplacer ce phosphate minéral par cinq hectolitres de noir animal, qui contient aussi du phosphate de chaux ; mais l'effet serait le même, et la dépense double. Un sol ainsi préparé conviendra parfaitement pour cultiver pendant quatre ou cinq ans le seigle, l'avoine et le sarrasin. Quelques propriétaires, entre autres M. Lemaigre, au Vignel, se contentent de faire praliner leurs trois hectolitres de semence dans une égale quantité de phosphate, et ils obtiennent des résultats très-satisfaisants ; nous croyons pouvoir expliquer ce fait en disant que la semence pralinée dans le phosphate rend assimilable chaque année la quantité d'engrais nécessaire à chaque récolte, sans exposer le reste de l'humus à perdre inutilement ses principes fertilisants.

Cette préparation, répétée chaque année, permet de cultiver pendant quatre ou cinq ans, du seigle, de l'avoine et du sarrasin, récoltes auxquelles le calcaire n'est pas indispensable. Quand l'engrais contenu dans l'humus est épuisé, on trouve une terre ameublie, parfaitement disposée pour recevoir un semis de pin maritime, ou une plantation de pin sylvestre ; nous avons déjà dit qu'il était avantageux de semer le pin maritime en même temps que la dernière semaille de seigle.

Tel est le mode de culture que nous proposons après l'arrachage d'un mauvais taillis qui, se trouvant dans un sol impropre à l'agriculture, devra être replanté. De même, quand une pinière arrive à son exploitation définitive, il est avantageux de la reboiser en pins, puisque c'est la culture la plus lucrative (voir les chiffres posés plus haut) ; mais pour compenser les frais de reboisement, et aussi pour utiliser l'engrais amassé par la pinière précédente, on cultivera temporairement, sans autre engrais ni amendement que le phosphate de chaux.

Ce même phosphate servira dans les bruyères dont le boisement immédiat est impossible; les bruyères, comme la végétation forestière, ont donné au sol un engrais naturel assez abondant, mais fort acide; le phosphate corrigera cette acidité, et permettra une culture temporaire assez avantageuse pour couvrir les frais du défrichement. Ordinairement, quand un propriétaire consent à louer des bruyères à un fermier, celui-ci fait le défrichement à ses frais, et profite gratuitement de la terre pendant trois ans ; mais il s'engage à payer 20 fr. de fermage par hectare après ce délai.

2° *Culture définitive.*

Il est facile de comprendre que le phosphate épuise rapidement les terres, puisque son emploi n'a pour but que de faciliter l'assimilation de l'engrais naturel et de procurer le phosphate nécessaire à chaque récolte. Au bout de quatre ou cinq ans (plus ou moins suivant la richesse en humus), si on voulait continuer la culture, il faudrait apporter de la marne et du fumier. Dans ce cas, nous croyons avantageux de modifier, dès le défrichement, le procédé destiné à rendre le sol propre à l'agriculture, et nous proposons l'emploi immédiat de la chaux et du plâtre ; l'emploi des phosphates deviendra inutile, tous les calcaires, chaux ou marnes, en contiennent surabondamment.

La chaux agira d'abord par sa causticité pour neutraliser les acides, puis par le carbonate de chaux qu'elle formera pour la nourriture des plantes. « La chaux, lisons-nous « dans un mémoire récemment couronné par le Comité « central, la chaux est une base puissante qui neutralise « promptement et complètement tous les acides ; c'est « l'agent le plus puissant pour détruire l'acidité des sols, si « funeste à la végétation. Cette action est favorisée par la « solubilité de la chaux dans l'eau, suffisante pour que la « chaux agisse avec efficacité, trop faible pour que cette « action soit nuisible..... La chaux agit chimiquement « sur toutes les matières organiques et en accélère la « décomposition. Elle peut transformer en engrais utiles les « parties les plus dures des plantes, telles que les racines « des légumineuses, les tiges de colza, les feuilles et les « rameaux des arbres, etc..... La chaux détruit les in- « sectes et leurs œufs, elle prévient la carie des blés..... « La chaux dissoute dans l'eau attaque les argiles et met « en liberté la potasse qu'elles contiennent..... La chaux « agit surtout comme engrais calcaire, elle fournit aux « plantes la chaux dont elles ont besoin pour former leurs « divers organes (1). »

(1) *Mémoire sur les avantages comparés de la marne et de la chaux*, par M. MASURE, Orléans 1865.

On voit que la chaux répond parfaitement aux besoins d'une terre nouvellement défrichée ; on peut l'employer à raison de 40 hectolitres par hectare, on l'éteindra à l'air, et on la répandra en poudre par un temps sec. Toutefois, un inconvénient se présente : la chaux favorisant la décomposition des principes contenus dans l'humus, ces principes vont se volatiliser et disparaître en pure perte. On s'y oppose d'abord en enfouissant promptement l'engrais végétal et la chaux pulvérisée ; mais cette précaution ne suffit pas toujours, les matières organiques en se décomposant donnent naissance à du carbonate d'ammoniaque, et ce gaz extrêmement volatil est difficile à retenir. C'est lui qui, dans les fumiers en décomposition, trahit sa présence par son odeur vive et piquante ; on l'y retient en saupoudrant les fumiers de plâtre de temps en temps ; employons le même moyen dans les défrichements, semons du plâtre en poudre sur les terreaux en décomposition, et nous fixerons le carbonate d'ammoniaque dans le sol. M. Gauchéron, professeur de chimie agricole du Comice d'Orléans, évalue à 25 kilos la quantité de plâtre nécessaire pour 2,000 kilos de fumier qui ne contiennent que 8 kilos d'azote (1) ; d'après cela, nous pouvons employer de 200 à 300 kilos de plâtre par hectare défriché. Quand on veut employer le plâtre comme engrais, ses effets sont difficiles à justifier ; l'explication la plus satisfaisante est celle qu'a donnée M. Boussingault : d'après ce savant, le rôle du plâtre ou sulfate de chaux se réduirait à donner l'élément calcaire nécessaire aux prairies et aux légumineuses ; les matières organiques le ramènent à l'état de sulfure de calcium, et le sulfure de calcium est à son tour transformé en carbonate de chaux par l'acide carbonique de l'air. Mais ce n'est pas comme engrais que nous proposons le plâtre ; nous ne lui demandons que de fixer

(2) *Cours d'Agriculture pratique*, tome 2, par M. Gauchéron, Orléans, 1863.

des principes volatils qui tendent à nous échapper, son but est parfaitement défini, et son mode d'action facile à prévoir. Le carbonate d'ammoniaque et le sulfate de chaux, mis en présence, feront un échange de leurs bases, et donneront naissance au carbonate de chaux et au sulfate d'ammoniaque. Le sulfate d'ammoniaque est soluble sans être volatil, et il cédera utilement son azote aux récoltes. Il est à observer que si l'ordre que nous indiquons était interverti, si l'on employait le plâtre avant la chaux, l'action du premier serait nulle ou à peu près. Il doit servir à retenir les gaz résultant de la décomposition préalablement commencée par la chaux ; avant l'emploi de la chaux, sur des sols qui ne renferment pas naturellement de calcaire, il n'y a pas décomposition, par conséquent, pas lieu à l'usage du plâtre.

Nous n'avons pas entendu dire, jusqu'à présent, que le plâtre ait été employé dans ce but et dans ces conditions ; mais le raisonnement qui nous amène à formuler notre proposition s'appuie sur une théorie parfaitement sûre, et nous faisons des vœux pour que l'expérience vienne bientôt confirmer nos prévisions.

On se rappellera que le plâtre doit être employé en poudre et le matin par un temps calme, et qu'il est sans effet sur les sols humides.

§ IV.

COMMENT IL FAUT ENTENDRE L'ASSOCIATION DE L'AGRICULTURE ET DE LA SYLVICULTURE.

Voilà le but final de l'amélioration de la Sologne par les bois, l'agriculture recevant de la sylviculture un terrain fertilisé, fertilisé directement par les détritus des bois qui l'auront couvert plus ou moins longtemps, fertilisé aussi par l'influence climatérique des massifs voisins dont la conservation sera toujours commandée, soit par la nature du sol, soit par les besoins en bois de la localité.

Avec le système d'alternance que nous proposons, le sol deviendra certainement meilleur et plus productif ; mais ce serait une erreur de croire que l'étendue des terres arables dût augmenter un jour.

En 1851, M. Brongniart, chargé par M. le Ministre de l'Agriculture et du Commerce de présenter un rapport sur les plantations forestières en Sologne, demandait, dans le document dont nous parlions au commencement de notre travail, que les terres arables qui occupaient alors 210,000 hectares fussent réduites à 100,000 ; que les landes et bruyères qui couvraient 130,000 hectares disparussent ; que les bois feuillus fussent portés de 59,000 à 100,000 hectares, et les bois résineux de 21,000 à 200,000 hectares.

Fidèle à ce mémorable programme, nous voudrions que les terres arables n'occupassent plus qu'un cinquième de la superficie de la Sologne, et que les bois s'étendissent sur trois cinquièmes.

D'après la statistique que M. Machart, Ingénieur en chef du service de la Sologne, a fait faire en 1858 et qu'il a bien voulu nous communiquer, la contenance des bois feuillus, en 1856, était de...................... 63,734 hect.
et celle des bois résineux de.............. 34,485

Total........... 98,219 hect.

La Sologne a donc marché vers le but indiqué par M. Brongniart ; mais elle est encore loin d'y toucher. Il reste bien des terres épuisées à boiser, bien des landes incultes à défricher et à planter elles-mêmes après une culture préalable.

Aussi, dans notre opinion, les bois doivent-ils être le plus longtemps en possession du terrain ; ce n'est que dans des circonstances exceptionnelles que l'agriculture prendra possession définitive d'un sol après boisement temporaire. La culture dominante sera toujours celle du bois ; seulement, pour profiter de l'engrais naturel apporté par les bruyères et pour faciliter en même temps les plantations forestières, il sera bon de faire précéder la création des bois d'une culture temporaire, de même qu'entre l'exploitation d'un bois et son repeuplement artificiel il sera avantageux d'intercaler quelques années de culture en céréales.

TABLE DES MATIÈRES.

CHAPITRE Ier.

—

Coup-d'œil rétrospectif sur l'histoire de la Sologne. — Sa
prospérité à l'époque forestière, sa stérilité
depuis le déboisement.

CHAPITRE II.

—

Du sol et du climat actuels de la Sologne, des essences qui leur conviennent. — Effets qu'on doit attendre du boisement.

CHAPITRE III.

—

Création des bois. — Semis, pépinières, plantations.

CHAPITRE IV.

—

Entretien et exploitation des bois résineux.

CHAPITRE V.

—

Entretien et exploitation des bois feuillus.

CHAPITRE VI.

—

Des bois mélangés.

CHAPITRE VII.

—

Des châtaigneraies.

CHAPITRE VIII.

—

Comparaison et alternance des cultures.

www.ingramcontent.com/pod-product-compliance
Ingram Content Group UK Ltd.
Pitfield, Milton Keynes, MK11 3LW, UK
UKHW022038170726
13837UKWH00002B/663